极简开发者书库

# 极简C++

## 新手编程之道

关东升◎编著

清华大学出版社

北京

# 内 容 简 介

本书是一本全面介绍 C++ 编程语言的图书，共分为 17 章。第 1～6 章主要讲解 C++ 的基本语法，包括编写第一个 C++ 程序、C++ 语法基础、C++ 数据类型、运算符、条件语句和循环语句。第 7～10 章讲解数组、字符串、指针类型和自定义数据类型。第 11～13 章介绍函数、面向对象和模板。第 14 章介绍异常处理。第 15 章介绍 I/O 流。第 16 章介绍 MySQL 数据库编程。第 17 章讲解 wxWidgets 图形界面应用程序开发。

本书除第 17 章外每章后都包含"动手练一练"环节，附录 A 中提供了参考答案，旨在帮助读者巩固所学知识。本书还提供了完整的配套源代码和微课视频，帮助读者更好地学习 C++ 编程。

本书适合零基础入门的读者，可作为高等院校和培训机构的教材。

**图书在版编目（CIP）数据**

极简 C++：新手编程之道/关东升编著. —北京：清华大学出版社，2023.12
（极简开发者书库）
ISBN 978-7-302-65007-2

Ⅰ．①极… Ⅱ．①关… Ⅲ．①C++语言—程序设计 Ⅳ．①TP312.8

中国国家版本馆 CIP 数据核字（2024）第 002537 号

策划编辑：盛东亮
责任编辑：钟志芳
封面设计：赵大羽
责任校对：申晓焕
责任印制：杨 艳

出版发行：清华大学出版社
　　　网　　　址：https://www.tup.com.cn，https://www.wqxuetang.com
　　　地　　　址：北京清华大学学研大厦 A 座　　邮　　编：100084
　　　社 总 机：010-83470000　　　　　　　邮　　购：010-62786544
　　　投稿与读者服务：010-62776969，c-service@tup.tsinghua.edu.cn
　　　质量反馈：010-62772015，zhiliang@tup.tsinghua.edu.cn
　　　课件下载：https://www.tup.com.cn,010-83470236
印 装 者：三河市龙大印装有限公司
经　销：全国新华书店
开　本：186mm×240mm　　印　张：15.5　　　　　字　数：351 千字
版　次：2023 年 12 月第 1 版　　　　　　　　　印　次：2023 年 12 月第 1 次印刷
印　数：1～1500
定　价：59.00 元

产品编号：102600-01

# 前 言
PREFACE

## 为什么写这本书

C++语言是一门面向对象的编程语言,是在 C 语言基础上发展而来的。它诞生于 1983 年,由本贾尼·斯特劳斯特卢普在贝尔实验室开发,旨在将 C 语言的优势与面向对象编程的思想相结合,成为一种更加强大的编程语言。

尽管现在有很多编程语言可供选择,但 C++语言仍然是许多开发人员的首选语言,因为它是一种高效、可移植、可靠且广泛使用的语言。市面上的 C++语言图书有很多,但普遍较难懂,有许多初学者难以掌握其中内容。因此,本书旨在为初学者提供一本简单易懂的 C++语言入门指南,希望帮助初学者轻松掌握 C++语言编程的基础知识。本书是"极简开发者书库"中的一本,"极简开发者书库"秉承讲解简单、快速入门和易于掌握的原则,是为新手入门而设计的系列图书。

## 读者对象

无论是初学者还是有一定经验的程序员,本书都能帮助您深入理解 C++编程语言,并掌握实际应用技术。

## 相关资源

为了更好地为广大读者提供服务,本书提供配套源代码、教学课件、微课视频、开源工具等资源。

## 如何使用本书配套源代码

本书配套源代码可以到清华大学出版社官网本书页面下载。

下载本书源代码并解压,会看到如图 1 所示的目录结构。chapter1～chapter17 是本书第 1～17 章示例代码所在的文件夹名。

例如,打开 chapter6 文件夹可见第 6 章的所有示例代码文件夹,如图 2 所示,其中每个文件夹对应一个示例。

打开一个示例文件夹,例如打开"6.4.3 goto 语句"文件夹,如图 3 所示,其中 HelloProj. sln 文件就是解决方案文件,如果已经安装了 Visual Studio 工具软件,则双击 HelloProj. sln 即可打开示例代码。

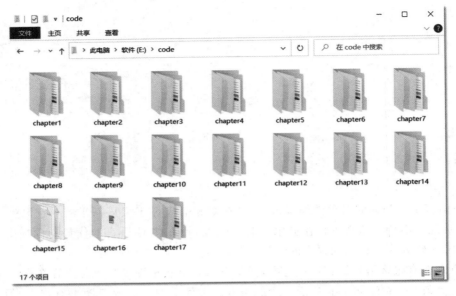

图 1　目录结构

图 2　第 6 章示例代码文件夹

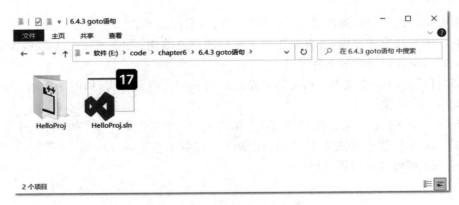

图 3　"6.4.3 goto 语句"文件夹

致谢

感谢清华大学出版社盛东亮编辑提出的宝贵意见。感谢智捷课堂团队的赵志荣、赵大羽、关锦华、闫婷娇、王馨然、关秀华和关童心参与本书部分内容的编写。感谢赵浩丞手绘了书中全部插图,并从专业的角度修改书中图片,力求将本书内容更加真实、完美地奉献给广大读者。感谢我的家人容忍我的忙碌,正是他们对我的关心和照顾,使我能抽出时间,投入精力专心编写此书。

由于 C++ 语言编程应用不断更新迭代,而作者水平有限,书中难免存在不妥之处,恳请读者提出宝贵修改意见,以便再版时改进。

编　者

2023 年 12 月

# 知 识 结 构
## CONTENT STRUCTURE

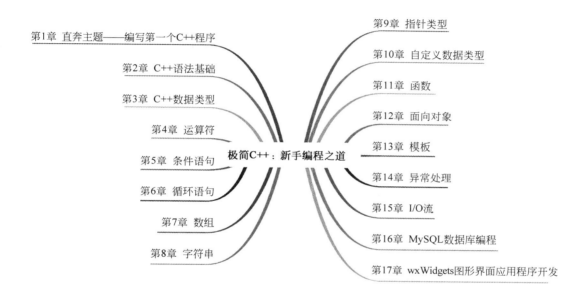

第1章 直奔主题——编写第一个C++程序

第2章 C++语法基础

第3章 C++数据类型

第4章 运算符

第5章 条件语句

第6章 循环语句

第7章 数组

第8章 字符串

极简C++：新手编程之道

第9章 指针类型

第10章 自定义数据类型

第11章 函数

第12章 面向对象

第13章 模板

第14章 异常处理

第15章 I/O流

第16章 MySQL数据库编程

第17章 wxWidgets图形界面应用程序开发

# 目 录
## CONTENTS

第 13 章　模板 ·································· 134

▶️ 微课视频 38 分钟

# 第1章

# 直奔主题——编写第一个 C++ 程序

C++ 语言由 Bjarne Stroustrup（本贾尼·斯特劳斯特卢普）于 20 世纪 80 年代初在 AT&T 贝尔实验室研发并实现，其初衷是将 C 语言改良为带类的 C 语言。

之所以将该语言命名为 C++，是因为它是 C 语言的增强版，"+"表示增强。

C++ 语言既可用于面向过程的结构化程序设计，又可用于面向对象的程序设计，是一种功能强大的混合型程序设计语言，它具有以下特点。

（1）保持了与 C 语言的兼容，绝大多数 C 语言程序可不经修改直接在 C++ 环境中运行，用 C 语言编写的众多库函数也可用于 C++ 程序。

（2）支持面向对象的程序设计，能提高程序的可重用性和可扩展性，编写的程序更加灵活。

（3）静态类型，可以防止运行时错误。

Hello World 程序一般是学习编程的第一个程序，本章通过介绍 Hello World 程序编写方法，帮助读者熟悉 C++ 语言基本语法及程序的运行过程。

## 1.1　搭建开发环境

在编写 Hello World 程序前，应先搭建开发环境。能够用于开发 C++ 程序的工具有很多，其中最简单的工具是微软提供的 Visual Studio。Visual Studio 工具有很多版本，其中 Visual Studio Community（社区版）是免费的，本书介绍选用该版本。

### 1.1.1　下载 Visual Studio

微课视频

读者可以到如图 1-1 所示的微软网站下载 Visual Studio，本书配套工具中也提供了 Visual Studio 安装文件。

单击下拉按钮，选择Visual Studio Community 2022

图 1-1　下载 Visual Studio

### 1.1.2　安装 Visual Studio

下载 Visual Studio 后会获得安装文件 VisualStudioSetup.exe，双击该文件即可安装。安装界面如图 1-2 所示，其中需要选中"使用 C++ 的桌面开发"复选框。

选择完成后单击"安装"按钮即可安装，安装过程中需要在线下载文件，因此耗时略长，请耐心等待。

### 1.1.3　设置 Visual Studio

Visual Studio 安装完成后，第一次启动时，会要求开发人员进行必要的设置，如图 1-3 所示，其中需要选择颜色主题，读者可以根据喜好进行选择。

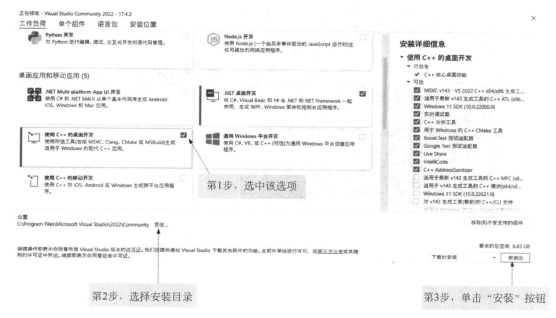

图 1-2 安装界面

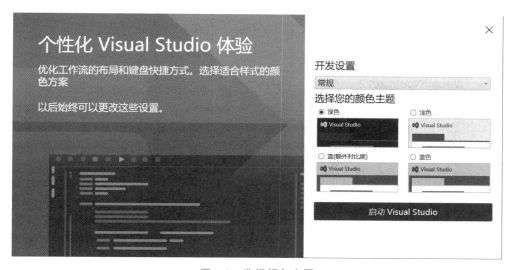

图 1-3 选择颜色主题

除了选择颜色主题外,第一次启动 Visual Studio 时,还会要求登录,如图 1-4 所示。如果读者没有账户,这里可以选择跳过,也可以创建一个账户,具体过程这里不做赘述。

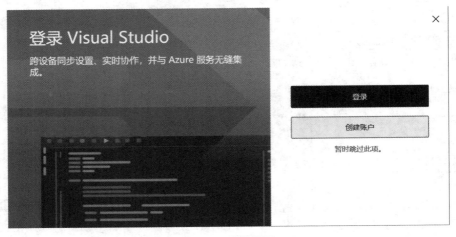

图 1-4　登录界面

## 1.2　编写 C++程序代码

Visual Studio 安装好之后，就可以编写 C++程序代码了。

### 1.2.1　创建 Visual Studio 项目

为了方便管理 C++程序代码，需要创建 Visual Studio 项目。首先启动 Visual Studio 后，可见如图 1-5 所示的选择界面。

图 1-5　选择界面

在图 1-5 所示的选择界面中单击"创建新项目"选项,打开"创新建项目"对话框,如图 1-6 所示,选择"控制台应用"选项。

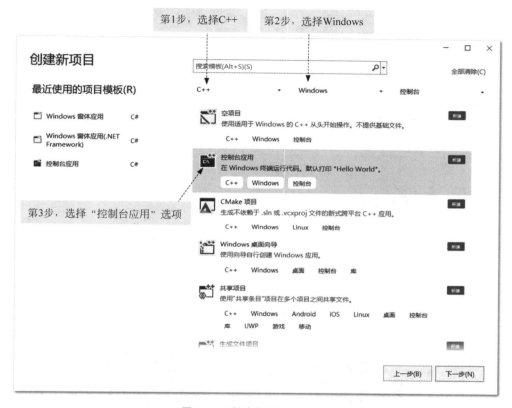

图 1-6 "创建新项目"对话框

选择完成后,单击"下一步"按钮,打开如图 1-7 所示的"配置新项目"对话框,在此对话框中可以输入项目名称并选择项目保存的目录,这里输入项目名称 HelloProj。

---

📖提示　解决方案和项目的区别在于,一个解决方案下可以包括多个项目,项目的文件扩展名是.vcxproj,解决方案的文件扩展名是.sln。

---

配置完成后,单击"创建"按钮即可创建一个新项目,如图 1-8 所示。

项目创建成功后,可见保存项目的文件夹中有如图 1-9 所示的内容,其中 HelloProj.sln 文件就是解决方案文件。打开 HelloProj 文件夹可见如图 1-10 的文件,其中 HelloProj.vcxproj 是项目文件。

另外,文件夹 HelloProj 中还有 HelloProj.cpp 文件,该文件是 C++程序代码文件,可以使用任何文本工具打开。

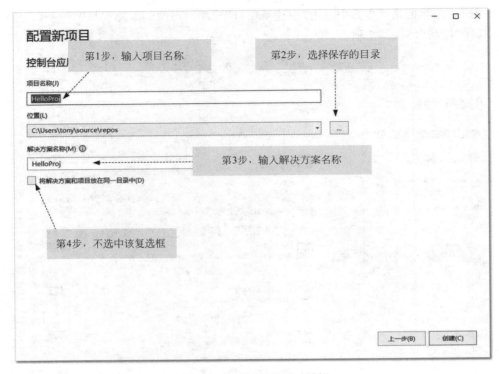

图 1-7 "配置新项目"对话框

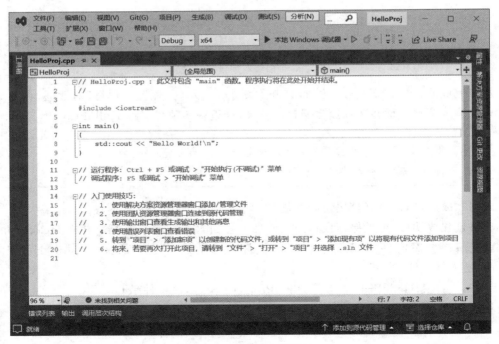

图 1-8 创建一个新项目

图 1-9 创建项目的文件夹

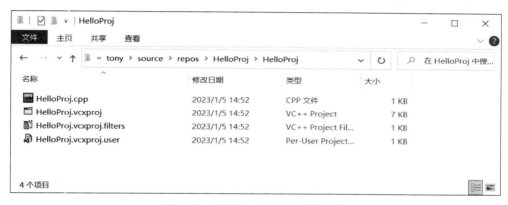

图 1-10 HelloProj 文件夹中的文件

## 1.2.2 运行 Visual Studio 项目

项目创建好之后就可以运行了,运行项目可以通过单击工具栏中的 ▶ 本地 Windows 调试器 按钮,或按快捷键 F5 实现。项目运行后会启动如图 1-11 所示的"Microsoft Visual Studio 调试控制台"窗口,在窗口中可以看到输出的 Hello World! 字符串,这说明项目运行成功。按任意键可以关闭该窗口。

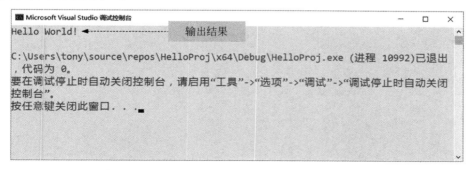

图 1-11 "Microsoft Visual Studio 调试控制台"窗口

### 1.2.3 修改代码

使用 Visual Studio 中的 C++代码测试创建项目是否成功,需要修改为如下代码:

```
# include < iostream >                    ①

int main() {                             ②
    std::cout << "Hello World." ;        ③
    return 0;                            ④
}
```

代码第①行中的 include 是预处理命令,它会告知编译器要包含的头文件;< iostream >是标准输入/输出流对象的头文件。

代码第②行是主函数,是程序的入口。

代码第③行中的 std::cout 是标准输出流对象;"<<"称为流插入运算符,可以将后面的表达式计算结果输出到控制台。

代码第④行结束主函数,返回程序的执行状态,0 一般表示程序正常结束。

## 1.3 动手练一练

操作题

(1) 在计算机上安装 Visual Studio。

(2) 使用 Visual Studio 创建 MyProj 项目,在控制台输出"你好,世界!"。

第 2 章

# C++语法基础

第 1 章介绍了如何编写和运行一个 Hello World 的 C++ 程序,读者对于编写和运行 C++ 程序应该有了一定了解。本章介绍 C++ 的语法基础,包括关键字、标识符、分隔符、注释、变量、常量和命名空间等。

## 2.1　关键字与标识符

在第 1 章中的 Hello World 程序代码中有很多单词,这些单词就是关键字或标识符。

### 2.1.1　关键字

关键字是计算机语言定义好的字符序列,有特殊的含义,不能挪作他用。C++ 的关键字有几十个,将在后续章节中用到时再介绍。

C++ 关键字基本都是由小写字母组成的,可以分为如下两大类。

(1) 从 C 语言而来的关键字。由于 C++ 是基于 C 语言的,有些关键字是从 C 语言而来的,如 break、case、char、const、continue 和 while 等。

（2）C++特有的关键字。除了支持 C 语言关键字外，C++还有一些特有的关键字，这些关键字主要支持 C++的面向对象特性，如 class、namespace、this、virtual、protected、private 和 public 等。

## 2.1.2 标识符

在 Hello World 的程序代码中，除了关键字外，还有函数名（如 main）等字符序列。这些字符序列就是标识符。

标识符是由程序员自己指定名字，如常量、变量、函数和类等。构成标识符的字符均有一定的使用规范，C++语言中标识符的使用规范如下：

（1）构成标识符的字符只能是英文字母、数字、下画线（_）和美元符号（$）。

（2）区分大小写，Myname 与 myname 是两个不同的标识符。

（3）首字符可以是下画线（_）、美元符号或字母，但不能是数字。

（4）关键字不能作为标识符。

identifier、userName、User_Name、$Name、_sys_val 等是合法的标识符；而 2mail、room#和 class 则是非法的标识符，因为#是非法标识符，而 class 是关键字。

## 2.2 分隔符

微课视频

在 C++源代码中有一些用于分隔代码的字符，称为分隔符。C++分隔符主要有分号（;）、左大括号（{）、右大括号（}）和空白。

### 2.2.1 分号

分号是 C++中最常用的分隔符，它表示一条语句的结束，示例代码如下：

```
// 2.2.1 分号
#include <iostream>
#include <string>

int main() {
    int totals1 = 1 + 2 + 3 + 4;      ①

    int totals2 = 1 + 2               ②
        + 3 + 4;                      ③
    return 0;
}
```

上述代码第①行表示一条语句结束；代码第②行和第③行虽然是两行代码，但却是一条语句。

### 2.2.2 大括号

C++与 C 语言一样，都将大括号（{}）括起来的语句集合称为语句块（block）或复合语

句,语句块中可以有 0~n 条语句,示例代码如下:

```
// 2.2.2 大括号
# include < iostream >
using namespace std;

int main() {                          ①
    int m = 5;

    if (m < 10) {                     ②
        cout << "<< m < 10" << endl;
    }                                 ③
    return 0;
}                                     ④
```

上述代码第①行的左大括号表示 main()函数作用范围的开始,它与代码第④行的右大括号是一对。

上述代码第②行的左大括号表示 if 语句作用范围的开始,它与代码第③行的右大括号是一对。

## 2.2.3　空白

在 C++源代码元素之间允许有空白,空白的数量不限。空白包括空格、制表符(Tab 键输入)和换行符。适当的空白可以改善源代码的可读性。下列 3 条 if 语句是等价的:

```
//2.2.3 空白
# include < iostream >
using namespace std;

int main() {

    int m = 5;

    if (m < 10)              {        ①
      cout << "<< m < 10" << endl;
    }

    if (m < 10)              {        ②
      cout << "<< m < 10" << endl;
    }

    if (m < 10) {
      cout << "<< m < 10" << endl;
    }
    return 0;

}
```

上述代码第①行中的")"和"{"之间有很多空格,代码第②行中的")"和"{"之间有很多制表符。

微课视频

## 2.3 注释

为了说明或解释代码含义，往往需要进行注释。C++中注释的语法有两种，即单行注释(//)和多行注释(/ * ⋯ * /)。

### 2.3.1 单行注释

单行注释用于对某行代码进行说明或解释，可用在语句之前或之后。示例代码如下：

```
// 2.3.1 单行注释
# include < iostream >
using namespace std;

int main() {

    // 声明并初始化变量 m
    int m = 5;                                    ①

    if (m < 10) { // 判断变量 m 是否大于 10        ②
      cout << "<< m < 10"
                << endl;
    }
    return 0;
}
```

上述代码第①行在语句之前注释，代码第②行在语句之后注释。

### 2.3.2 多行注释

多行注释可以注释多行代码，主要用于对整个语句块进行注释，表示这块代码语句暂时不需要；也可在注释文字较多时使用，示例代码如下：

```
/ *                                              ①
Name            : hello.cpp
Author          : 关东升
Version         : 1.0
Copyright       : 智捷东方科技有限公司
Description     : 2.3.2 多行注释
* /                                              ②

# include < iostream >
using namespace std;

int main() {

    int m = 5;

    / *                                          ③
```

```
        if (m < 10) {        cout << "<< m < 10" << endl;
        }

        if (m < 10) { cout << "<< m < 10" << endl;
        }
     */                                    ④
     if (m < 10) {
        cout << "<< m < 10" << endl;
     }
     return 0;
}
```

上述代码第①～②行是多行注释,属于注释文字较多的情况;第③～④行也是多行注释,用于注释掉暂时不使用的代码。

## 2.4　变量

变量是构成表达式的重要部分,变量所代表的内容是可以被修改的。变量包括变量名和变量值,变量名要遵守标识符的命名规则。

### 2.4.1　变量的声明与初始化

在 C++中变量的声明与初始化基本语法格式如下:

数据类型 变量名 [ = 初始值];

注意:中括号"[]"中的内容可以省略,也就是说,在声明变量时可以不提供初始值。

变量的声明与初始化示例代码如下:

微课视频

```
// 2.4.1 变量的声明与初始化

# include < iostream >
using namespace std;

int main() {
     int age = 14;                      // age 变量内容是 14   ①
     age = 17;                          // age 变量内容是 17
     cout << "打印变量 age: " << age << endl;

     int m;                             //声明局部变量 m      ②
     cout << "打印局部变量 m: " << m << endl;          ③
     m = 100;                           //初始化局部变量 m    ④
     cout << "再次打印局部变量 m: " << m << endl;
     return 0;
}
```

上述代码第①行声明 age 变量内容是 14。

代码第②行声明局部变量 m。局部变量就是在方法中声明的变量,它的作用域是整个方法。

　　代码第③行打印局部变量 m。本行试图访问未初始化的局部变量 m，不会发生编译错误。

　　代码第④行给变量 m 赋值，从而实现对变量 m 的初始化。

　　上述代码运行结果如下：

```
打印变量 age: 17
打印局部变量 m: 16
再次打印局部变量 m: 100
```

　　从运行结果可见，变量 m 即使没有初始化，也可以访问，但是它的数据事实上是之前内存中保留的数据，是没有参考价值的。

## 2.4.2　使用 auto 关键字声明变量

　　C++ 11（2011 年发布的 C++标准）提供了 auto 关键字，它声明的变量数据是由编译器根据初始值推断出来的。auto 关键字声明变量的语法格式如下：

```
auto 变量名   = 初始值;
```

　　示例代码如下：

```
// 2.4.2 使用 auto 关键字声明变量
# include < iostream >
using namespace std;

int main() {
    auto age = 18;              // age 变量内容是 18                 ①
    cout << "打印变量 age: " << age << endl;
    auto m;                     //变量 m 没有初始化                  ②
    auto d = 3.1415926;         //声明 double 类型局部变量 d          ③
    d = "Hello";                //double 类型变量不能接收字符串类型数据  ④
    return 0;
}
```

　　上述代码第①行声明变量 age，同时将其初始化为 18。

　　代码第②行声明了变量 m，但未对其进行初始化，这会引发编译错误。

　　代码第③行声明 double 类型局部变量 d。

　　代码第④行会发生编译错误，这是因为变量 d 的数据类型是 double，它不能接收其他类型的数据。

　　注释掉代码第②行和第④行并运行，输出结果如下：

```
打印变量 age: 18
```

---

🎯注意　C++属于静态类型语言，变量在编译期就要确定数据类型（变量在运行期确定数据类型的属于动态类型语言）。

## 2.4.3　变量作用域

变量作用域是指变量的作用范围。在 C++ 语言中,变量的作用域可以分为以下几种:

(1) 全局作用域:定义在函数外部的变量拥有全局作用域,在整个程序中都有效,其生命周期从程序开始到程序结束。

(2) 函数作用域:定义在函数内部的变量拥有函数作用域,只在函数内部有效。

(3) 块作用域:定义在块(如 if 语句、for 语句、while 语句等)内部的变量拥有块作用域,在块内部有效。

(4) 类作用域:在类内部定义的变量拥有类作用域,在整个类中都有效,其生命周期与类的实例有关。

变量作用域示例代码如下:

```
//2.4.3 变量作用域

# include < iostream >
using namespace std;

// 声明全局变量
int x = 100;                                                    ①

void func() {

    // 声明局部变量 x
    int x = 300;                                                ②

    cout << "全局变量 x 值是: " << x << endl;
    cout << "func 函数局部变量 x 值是: " << x << endl;
    return 0;
}

int main() {
    // 声明局部变量 x
    int x = 200;                                                ③

    // 调用 func()函数
    func();

    cout << "全局变量 x 值是: " << ::x << endl;                 ④
    cout << "局部变量 x 值是: " << x << endl;                   ⑤
}
```

上述代码第①行在 main()函数外声明变量 x,此时变量 x 的作用域是当前代码文件。

代码第②行在 func()函数内声明变量 x,此时变量 x 的作用域是当前 func()函数。

代码第③行在 main()函数内声明变量 x,此时变量 x 的作用域是当前 main()函数。

代码第④行通过“::”运算符访问全局变量 x。

代码第⑤行访问局部变量 x。

上述代码运行结果如下：

```
全局变量 x 值是： 300
func 函数局部变量 x 值是： 300
全局变量 x 值是： 100
局部变量 x 值是： 200
```

微课视频

## 2.5 常量

常量事实上是内容不能被修改的变量。与变量类似，常量也需要初始化，即在声明常量的同时要赋予其一个初始值。常量一旦初始化就不可以被修改。使用常量的目的有两个：

（1）提高代码的可读性。

（2）提高程序的健壮性。

声明常量的语法格式如下：

```
const 数据类型 常量名 = 初始值；
```

示例代码如下：

```cpp
//2.5 常量
#include <iostream>
using namespace std;

// 声明两个常量
const int FEMALE = 0;        // 0 表示女                    ①
const int MALE = 1;          // 1 表示男

int main() {
    int gender;
    cout << "输入整数 0 或 1, 其中 1 代表男性, 0 代表女性: " << endl;
    // 从键盘读取数据
    cin >> gender;           // 判断是否为女性              ②
    cout << "您输入的性别是: " << gender << endl;
    if (gender == 0)  {                                    ③
        cout << "请坐..." << endl;
    }

    if (gender == MALE) {    // 判断是否为男性
        cout << "站着吧!" << endl;
    }

    const int myNum = 15;    // 不希望 myNum 变量被修改
    myNum = 10;              // 如果修改 myNum 变量, 则会发生编译错误   ④
    return 0;
}
```

上述代码第①行使用 const 关键字声明常量,声明的同时必须对其进行初始化。

代码第②行的 cin 与 cout 相反,是从键盘读取数据,">>"称为流提取运算符。本例是从键盘读取整数到变量 gender 中。

代码第③行判断输入数字是否代表女性(0 表示女性)。

代码第④行试图修改常量 myNum,将发生编译错误。

注释掉代码第④行并运行,输出结果如图 2-1 所示。运行到 cin 语句时,程序将挂起并等待用户输入,输入整数 0 或 1 后按 Enter 键,程序将继续运行。

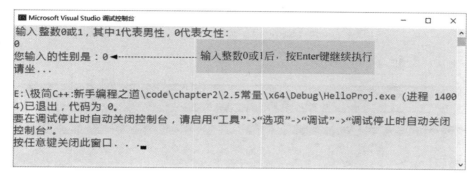

图 2-1　程序运行结果

## 2.6　命名空间

C++中命名空间是非常重要的概念,本节介绍命名空间。

### 2.6.1　什么是命名空间

微课视频

在一个程序中如果有名称相同的标识符,如变量、常量或函数,则会发生命名冲突,从而引发编译错误。

示例代码如下:

```
//2.6.1 什么是命名空间
# include < iostream >
using namespace std;
string name = "Ben";              ①
// 试图声明 name 常量
string const name = "Tom";        ②

int main() {
    return 0;
}
```

上述代码第①行声明 name 变量,代码第②行声明 name 常量。运行上述示例代码,会发生如下编译错误,如图 2-2 所示。

错误　C2373　"name"：重定义；不同的类型修饰符…\HelloProj\HelloProj.cpp　6

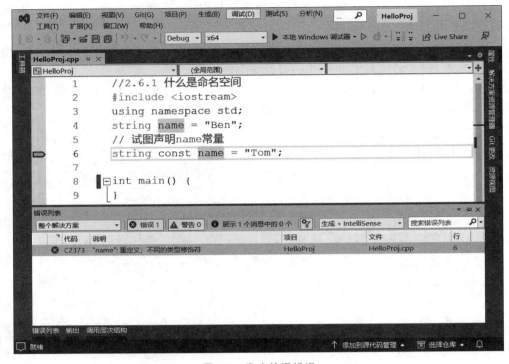

图 2-2　发生编译错误

如何解决标识符命名冲突的问题呢？这就需要使用命名空间。

命名空间（namespace）也称名字空间、名称空间等，用于划定标识符的作用范围。一个标识符可在多个命名空间中进行声明，它在不同命名空间中的作用是互不相干的。

## 2.6.2　声明命名空间

微课视频

使用 namespace 关键字声明命名空间，示例代码如下：

```
//2.6.2 声明命名空间
# include < iostream >
using namespace std;

namespace teamA {                          ①
    string name = "Ben";
}                                          ②

namespace teamB {                          ③
    // 试图声明 name 常量
    string const name = "Tom";
}                                          ④
```

```
int main() {
    return 0;
}
```

上述代码第①行声明 teamA 命名空间开始,代码第②行声明 teamA 命名空间结束。
上述代码第③行声明 teamB 命名空间开始,代码第④行声明 teamB 命名空间结束。

## 2.6.3　访问命名空间中的成员

微课视频

声明命名空间后,可以通过如下两种方法访问命名空间中的成员:
(1) 通过作用域限定符(::)访问。
(2) 使用 using 命令访问。

## 2.6.4　使用作用域限定符(::)

在以下 4 行代码中都用到了作用域限定符(::),其中 std 是 C++ 的标准命名空间,
string、cout 和 cin 是 std 中的成员。以下 4 行代码分别表示对 std 命名空间中的 string、
cout、cin 和 endl 成员进行访问:

```
std::string
std::cout
std::cin
std::endl
```

可用同样的形式(即"命名空间的名称::命名空间中的成员")对其他命名空间中的成
员进行访问。

示例代码如下:

```
//2.6.4 使用作用域限定符(::)

# include < iostream >
using namespace std;

namespace teamA  {
    string name = "Ben";
}

namespace teamB {
    string name = "Tom";

    void func() {
        std::cout << "访问当前命名空间中 name 的值是: " << name << std::endl;        ①
        std::cout << "访问命名空间 teamA 中 name 的值是: " << teamA::name << std::endl;   ②
    }

}

int main() {
```

```
        // 调用命名空间 teamB 中 func()函数
        teamB::func();                                          ③
        return 0;
    }
```

上述代码第①行中的 name 变量不需要使用作用域限定符。

代码第②行 teamA：：name 访问 teamA 命名空间中的 name 变量。

代码第③行访问 teamB 命名空间中的 func()函数。

上述代码运行结果如下：

访问当前命名空间中 name 的值是：Tom
访问命名空间 teamA 中 name 的值是：Ben

## 2.6.5 使用 using 命令

在 2.6.4 节示例中使用作用域限定符时，前面要加上命名空间的前缀，如果需要访问多个命名空间中的成员，这种方式则会很麻烦。这种情况下可以使用 using 命令指定命名空间。

示例代码如下：

```
//2.6.5 使用 using 命令

#include <iostream>
using namespace std;                                            ①

namespace teamA {
    string name = "Ben";                                       ②
}

namespace teamB {
    string name = "Tom";

    void func() {
      cout << "访问当前命名空间中的成员 name,该成员的值是：" << name << endl;  ③
      cout << "访问命名空间 teamA 中的成员 name,该成员的值是：" << name << endl;
    }
}

int main() {
    using namespace teamB;
    // 调用命名空间 teamB 中 func()函数
    func();                                                    ④
    return 0;
}
```

上述代码第①行告诉编译器，后续的代码正在使用命名空间 std。

代码第②行 string 省略了"std：："前缀。

代码第③行 cout 和 endl 也都省略了"std：："前缀。

代码第④行省略了"teamB::"前缀。

上述代码运行结果如下：

访问当前命名空间中的成员 name，该成员的值是：Tom
访问命名空间 teamA 中的成员 name，该成员的值是：Ben

## 2.7　动手练一练

选择题

（1）下面哪些是 C++的关键字？（　　　）

    A．if                B．Then                C．Goto                D．while

（2）下面哪些是 C++的合法标识符？（　　　）

    A．2variable             B．variable2            C．_whatavariable  D．_3_

    E．$anothervar      F．#myvar

（3）下面哪些是与命名空间相关的关键字？（　　　）

    A．if                B．package           C．using              D．namespace

（4）访问命名空间中的成员时，可以使用的运算符有哪些？（　　　）

    A．:                B．::                C．.                D．->

（5）假设有一个命名空间 MyNamespace，里面包含类 MyClass 和函数 myFunction()，现在想在全局命名空间中使用这些成员，应该使用以下哪种方式？（　　　）

    A．using namespace MyNamespace;

    B．using MyNamespace::MyClass;

    C．using MyNamespace::myFunction;

    D．using MyNamespace::MyClass; using MyNamespace::myFunction;

# 第 3 章

# C++数据类型

在前面已经用到一些数据类型,比如 int 和 string 等。C++中的数据类型可以分为基本数据类型、派生数据类型和用户自定义数据类型。本章重点介绍基本数据类型,如整数类型、浮点类型、字符类型、布尔类型,以及数据类型之间的转换。

## 3.1  C++中的数据类型

C++中的数据类型如图 3-1 所示。

主要数据类型解释说明如下:

(1) 基本数据类型:是 C++内置的数据类型,主要分为整数类型、浮点类型、字符类型和 void。其中,void 表示空数据,或者没有返回值,或者是没有分配内存空间的数据。

(2) 派生数据类型:是从基本数据类型衍生出来的数据类型,主要分为函数类型、数组类型和指针类型。注意,函数本身也是一种数据类型,即函数类型。

(3) 用户自定义数据类型:是用户自定义的数据类型,主要分为结构体、联合、枚举和类。其中,类就是用类声明的变量类型,例如之前介绍的 string 是字符串类,是由 C++标准库提供的；也可以创建自己的类，这是 C++ 的重要特征之一。

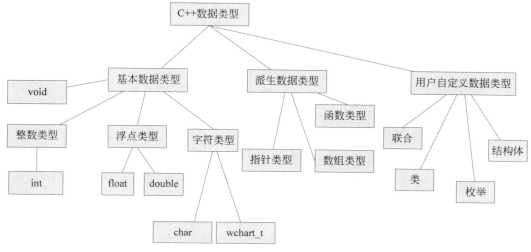

图 3-1　C++ 中的数据类型

## 3.2　整数类型

微课视频

在 C++ 中使用 int 关键字声明整数类型数据，整数类型数据用于存储整数，所占用的内存取决于编译器（32 位或 64 位）。通常，整数类型在使用 32 位编译器时占用 4 字节的内存空间，取值范围是 $-2^{31} \sim 2^{31} -1$。

示例代码如下：

```cpp
// 3.2 整数类型
# include < iostream >

using namespace std;

// 声明全局变量
int number1 = 100;                                      ①
string name = "Ben";

int main() {

    short int number2 = 500;
    cout << "number1:" << number1 << endl;
    cout << "number1 所占用字节数:" << sizeof(number1) << endl;   ②

    cout << "number2:" << number2 << endl;
    cout << "number2 所占用字节数:" << sizeof(number2) << endl;
    return 0;
}
```

上述代码第①行声明整数类型变量 number1。

代码第②行 sizeof() 函数用来计算 number1 的字节数。

上述示例代码运行结果如下：

```
number1: 100
number1 所占用字节数：4
number2: 500
number2 所占用字节数：2
```

## 3.2.1 数据类型修饰符

微课视频

3.2 节示例中声明 number2 变量的数据类型是 short int，short int 也是整数类型，被称为短整数类型。事实上，short 是基本数据类型的修饰符，这样的修饰符有以下 4 个：

（1）unsigned：无符号的，所修饰的数据类型只能存储 0 或正数。

（2）signed：有符号的，所修饰的数据类型能存储 0、负数或正数。

（3）short：所修饰的数据类型占用的内存空间较小，只能修饰 int 类型，即 short int。

（4）long：所修饰的数据类型占用的内存空间较大，主要用来存储整数和浮点数。

数据类型修饰符占用字节和取值范围如表 3-1 所示。

表 3-1　数据类型修饰符

| 数 据 类 型 | 所占用字节 | 取 值 范 围 |
|---|---|---|
| short int | 2 | $-2^{15} \sim 2^{15}-1$ |
| unsigned short int | 2 | $0 \sim 2^{16}-1$ |
| unsigned int | 4 | $0 \sim 2^{32}-1$ |
| int | 4 | $-2^{31} \sim 2^{31}-1$ |
| long int | 4 | $-2^{31} \sim 2^{31}-1$ |
| unsigned long int | 4 | $0 \sim 2^{32}-1$ |
| long long int | 8 | $-2^{63} \sim 2^{63}-1$ |
| unsigned long long int | 8 | $0 \sim 2^{64}-1$ |
| signed char | 1 | $-128 \sim 127$ |
| unsigned char | 1 | $0 \sim 255$ |

📀注意　字符类型也是整数类型的一种。在计算机内部保存字符时使用的是 ASCII 码，例如，字符 a 的 ASCII 码是 97，字符 A 的 ASCII 码是 65。

数据类型修饰符示例代码如下：

```
// 3.2.1 数据类型修饰符

# include < iostream >

using namespace std;
```

```
unsigned short int number1 = 600;
long int number2 = 700;
unsigned long int number3 = 800;
unsigned long long int number4 = 900;

signed char number5 = 97;
// unsigned char number6 = 300;
unsigned char number6 = 255;

int main() {

    cout << "number1:" << number1 << endl;
    cout << "number1 所占用字节数:" << sizeof(number1) << endl;

    cout << "number2:" << number2 << endl;
    cout << "number2 所占用字节数:" << sizeof(number2) << endl;

    cout << "number3:" << number3 << endl;
    cout << "number3 所占用字节数:" << sizeof(number3) << endl;

    cout << "number4:" << number4 << endl;
    cout << "number4 所占用字节数:" << sizeof(number4) << endl;

    cout << "number5:" << number5 << endl;
    cout << "number5 所占用字节数:" << sizeof(number5) << endl;

    cout << "number6:" << number6 << endl;
    cout << "number6 所占用字节数:" << sizeof(number6) << endl;
    return 0;

}
```

上述示例代码运行结果如下：

```
number1:600
number1 所占用字节数:2
number2:700
number2 所占用字节数:4
number3:800
number3 所占用字节数:4
number4:900
number4 所占用字节数:8
number5:a
number5 所占用字节数:1
number6:
number6 所占用字节数:1
```

注意，上述示例代码运行时，number5 在计算机中保存的是 97，输出到控制台的是字符 a。

### 3.2.2 数据溢出

某种数据类型的变量是有范围限制的，如果它保存的数据超出其范围，就会导致数据溢出。数据溢出虽然不会导致编译错误，但系统会发出警告。例如，unsigned char 的最大容纳值是 255，若将 300 赋值给它，在编译时系统就会发出警告。

示例代码如下：

```cpp
// 3.2.2 数据溢出

# include < iostream >

using namespace std;

unsigned short int number1 = 600;
long int number2 = 700;
unsigned long int number3 = 800;
unsigned long long int number4 = 900;

signed char number5 = 97;
unsigned char number6 = 300;                                    ①

int main() {

        cout << "number1:" << number1 << endl;
        cout << "number1 所占用字节数:" << sizeof(number1) << endl;

        cout << "number2:" << number2 << endl;
        cout << "number2 所占用字节数:" << sizeof(number2) << endl;

        cout << "number3:" << number3 << endl;
        cout << "number3 所占用字节数:" << sizeof(number3) << endl;

        cout << "number4:" << number4 << endl;
        cout << "number4 所占用字节数:" << sizeof(number4) << endl;

        cout << "number5:" << number5 << endl;
        cout << "number5 所占用字节数:" << sizeof(number5) << endl;

        cout << "number6:" << (int)number6 << endl;
        cout << "number6 所占用字节数:" << sizeof(number6) << endl;
        return 0;

}
```

上述代码第①行声明变量 number6，它是 unsigned char 数据类型变量，unsigned char 的最大容纳值是 255，但是本例为其赋值 300，则会发生数据溢出。

上述示例代码运行结果如下：

```
number1:600
number1 所占用字节数:2
number2:700
number2 所占用字节数:4
number3:800
number3 所占用字节数:4
number4:900
number4 所占用字节数:8
number5:a
number5 所占用字节数:1
number6:44
number6 所占用字节数:1
```

注意,number6 变量输出的结果是 44,这是数据溢出导致的。number6 变量被赋值 300,300 在计算机内部被存储为二进制数,而 number6 被声明为 unsigned char 数据类型,所以 300 被存储的二进制数只能保留较低的 8 位,较高的 4 位将会溢出,故结果是十进制数 44。

### 3.2.3　整数的表示方式

微课视频

整数除了可以用十进制表示,还可以使用二进制、八进制和十六进制等多种进制表示。

(1) 二进制数:以 0b 或 0B 为前缀。

(2) 八进制数:以 0 为前缀。

(3) 十六进制数:以 0x 或 0X 为前缀。

注意:二进制数、八进制数和十六进制数前缀中的是阿拉伯数字 0,不是英文字母 o。

示例代码如下:

```cpp
// 3.2.3 整数的表示方式

# include < iostream >

using namespace std;

int decimalInt = 28;
int binaryInt1 = 0b11100;
int binaryInt2 = 0B11100;
int octalInt = 034;
int hexadecimalInt1 = 0x1C;
int hexadecimalInt2 = 0X1C;

int main() {
    cout << "decimalInt:" << decimalInt << endl;
    cout << "binaryInt1:" << binaryInt1 << endl;
    cout << "binaryInt2:" << octalInt << endl;
    cout << "octalInt:" << octalInt << endl;
    cout << "hexadecimalInt1:" << hexadecimalInt1 << endl;
    cout << "hexadecimalInt2:" << hexadecimalInt2 << endl;
    return 0;
}
```

上述示例代码运行结果如下：

```
decimalInt:28
binaryInt1:28
binaryInt2:28
octalInt:28
hexadecimalInt1:28
hexadecimalInt2:28
```

微课视频

## 3.3　浮点类型

在 C++ 中通过 float、double 及 long double 关键字声明浮点类型的数据，如表 3-2 所示。

表 3-2　浮点类型的数据

| 数据类型 | 具体名称 | 占用字节 | 取值范围 |
|---|---|---|---|
| float | 单精度浮点类型 | 4 | $-3.4E+38 \sim 3.4E+38$, $6 \sim 7$ 位有效数字 |
| double | 双精度浮点类型 | 8 | $-1.79E+308 \sim 1.79E+308$, $15 \sim 16$ 位有效数字 |
| long double | 扩展双精度浮点类型 | 16 | $-1.2E+4932 \sim 1.2E+4932$, $18 \sim 19$ 位有效数字 |

💡提示　　Microsoft C++ 编译器是微软提供的编译器，Visual Studio 自带该编译器；GCC 编译器（GNU Compiler Collection，GNU 编译器套件）是由 GNU 开发的编译器。

浮点类型数据示例代码如下：

```cpp
// 3.3 浮点类型
#include <iostream>

using namespace std;

float digit1 = 3.36;
double digit2 = 1.56e-2;

int main() {

    long double digit3 = 0.0;
    cout << "digit1 :" << digit1 << endl;
    cout << "digit1 所占用字节数:" << sizeof(digit1) << endl;

    cout << "digit2:" << digit2 << endl;
    cout << "digit2 所占用字节数:" << sizeof(digit2) << endl;

    cout << "digit3:" << digit3 << endl;
    cout << "digit3 所占用字节数:" << sizeof(digit3) << endl;
    return 0;
}
```

使用 Visual Studio 运行示例代码，结果如下：

```
digit1 :3.36
digit1 所占用字节数:4
digit2:0.0156
digit2 所占用字节数:8
digit3:0
digit3 所占用字节数:8
```

## 3.4 字符类型

微课视频

字符类型表示单个字符,在 C++中通过 char 和 wchar_t 关键字声明字符类型数据,如表 3-3 所示。

表 3-3 字符类型数据

| 数 据 类 型 | 占 用 字 节 | 数 据 类 型 | 占 用 字 节 |
|---|---|---|---|
| char | 1 | wchar_t | 2 或 4 |

示例代码如下:

```cpp
// 3.4 字符类型
#include <iostream>

using namespace std;

int main() {
    char ch1 = 'A';                                                    ①
    wchar_t ch2 = L'A';                                                ②

    cout << "ch1 :" << ch1 << endl;
    cout << "ch1 所占用字节数:" << sizeof(ch1) << endl;

    cout << "ch2 :" << ch2 << endl;
    cout << "ch2 所占用字节数:" << sizeof(ch2) << endl;
    return 0;
}
```

上述代码第①行声明窄字符变量 ch1。

代码第②行声明宽字符变量 ch2,其中"L'A'"中的"L"表示该字符是宽字符,在内存中占用 2 字节。

上述示例代码运行结果如下:

```
ch1 :A
ch1 所占用字节数:1
ch2 :65
ch2 所占用字节数:2
```

从代码运行结果可见,窄字符在内存中被保存为 ASCII 码 65,而输出到控制台的是字符 A。

微课视频

## 3.5 布尔类型

布尔类型用于存储布尔值或逻辑值，可以存储 true（真）或 false（假）。在 C++中通过 bool 关键字声明布尔类型数据。

---

💡**提示** 在 C 语言中，布尔类型是整数类型的一种，有两个取值，即 1（真）或 0（假）；C++是基于 C 语言的，因此 C++中的布尔类型数据也可以使用 1 或 0，但从编码规范角度，推荐使用 true 或 false。

---

示例代码如下：

```
// 3.5 布尔类型
# include < iostream >

using namespace std;

int main() {
    bool b1 = true;
    bool b2 = false;

    if (b1 == 1) {                                        ①
      cout << "b1 == 1" << endl;
    }

    if (b2 == 0) {
      cout << "b2 == 0" << endl;
    }


    cout << "b1 :" << b1 << endl;
    cout << "b1 所占用字节数:" << sizeof(b1) << endl;

    cout << "b2 :" << b2 << endl;
    cout << "b2 所占用字节数:" << sizeof(b2) << endl;
    return 0;
}
```

上述代码第①行判断变量 b1 是否为真，不推荐用这种写法，推荐用 b1 == true 声明。
上述示例代码运行结果如下：

```
b1 == 1
b2 == 0
b1 :1
b1 所占用字节数:1
b2 :0
b2 所占用字节数:1
```

## 3.6 数据类型之间的转换

不同的数据类型是可以相互转换的,但其转换比较复杂,本节只讨论基本数据类型之间的转换。基本数据类型之间的转换分为以下两种:

(1)自动类型转换,也称隐式类型转换;

(2)强制类型转换,也称显式类型转换。

### 3.6.1 自动类型转换

微课视频

自动类型转换是在将小容量的数据类型赋值给大容量的数据类型时发生。如图 3-2 所示,从下往上的数据类型会发生自动类型转换,不会出现数据精度丢失;相反,从上往下需要强制类型转换,可能会出现数据精度丢失。

自动类型转换不仅在赋值时发生,在进行数值计算时也会发生,转换规则如表 3-4 所示。

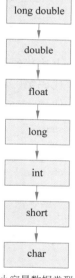

大容量数据类型

小容量数据类型

图 3-2 自动类型转换

表 3-4 自动类型转换的规则

| 操作数 1 数据类型 | 操作数 2 数据类型 | 转换后的数据类型 |
|---|---|---|
| byte、short、char | int | int |
| byte、short、char、int | long | long |
| byte、short、char、int、long | float | float |
| byte、short、char、int、long、float | double | double |

示例代码如下:

```cpp
// 3.6.1 自动类型转换
# include < iostream >

using namespace std;

int main() {
    // 声明整数变量
    short int shortNum = 16;
    // 打印 shortNum 变量的数据类型
    cout << typeid(shortNum).name() << endl;        ①
    int intNum = 16;
    cout << typeid(intNum).name() << endl;
    long longNum = 16L;                             ②
    // 打印 longNum 变量的数据类型
    cout << typeid(longNum).name() << endl;

    // short int 类型转换为 int 类型
    intNum = shortNum;
    // 声明 char 变量
    char charNum = 'X';
```

```cpp
    cout << typeid(charNum).name() << endl;
    // char 类型转换为 int 类型
    intNum = charNum;

    // 声明浮点变量
    // long 类型转换为 float 类型
    float floatNum = longNum;
    cout << typeid(floatNum).name() << endl;
    // float 类型转换为 double 类型
    double doubleNum = floatNum;
    cout << typeid(doubleNum).name() << endl;

    //表达式计算后类型是 double
    double result = floatNum * intNum + doubleNum / shortNum;

    cout << typeid(result).name() << endl;

    return 0;
}
```

上述代码第①行中的 typeid(x).name() 表达式可以获得 x 变量的数据类型。

代码第②行中的 16 表示整数。在整数后面加上字母 L 或 l，则表示长整数类型的 16。

使用 Visual Studio 运行上述示例代码，运行结果如下：

```
short
int
long
char
float
double
double
```

使用 GCC 编译器编译并运行上述示例代码，运行结果如下：

```
s
i
l
c
f
d
d
```

使用 GCC 编译器编译 typeid(x).name() 表达式，输出结果都是以单个字符表示的数据类型，如 s、i 和 l 等，它们都是数据类型的缩写，具体说明如表 3-5 所示。

表 3-5　数据类型的缩写

| 数 据 类 型 | 类型名缩写 | 数 据 类 型 | 类型名缩写 |
| --- | --- | --- | --- |
| bool | b | signed char | a |
| char | c | unsigned char | h |

续表

| 数 据 类 型 | 类型名缩写 | 数 据 类 型 | 类型名缩写 |
|---|---|---|---|
| short int | s | long long int | x |
| unsigned short int | t | unsigned long long int | y |
| int | i | float | f |
| unsigned int | j | double | d |
| long int | l | long double | e |
| unsigned long int | m | | |

## 3.6.2　强制类型转换

微课视频

将大容量的数据赋值给小容量的数据时,需要强制类型转换,进行强制类型转换时会将数据高位截掉,所以可能会导致数据精度丢失。

强制类型转换的语法格式如下:

(目标类型) 表达式;

示例代码如下:

```
// 3.6.2 强制类型转换
# include < iostream >

using namespace std;

int main() {
    // int 类型变量
    int i1 = 10;
    short int b1 = (short int)i1;    //把 int 类型变量强制转换为 short int 类型    ①
    cout << typeid(b1).name() << endl;

    int i2 = (int)i1;
    int i3 = (int)b1;
    cout << typeid(i3).name() << endl;

    float c1 = i1 / 3;               // 小数部分被截掉          ②
    cout << c1 << endl;
    //把 int 类型变量强制转换为 float 类型
    float c2 = (float)i1 / 3;                                  ③
    cout << typeid(c2).name() << endl;

    long long int yourNumber = 6666666666L;                    ④
    cout << typeid(yourNumber).name() << endl;
    cout << yourNumber << endl;
    int myNuber = (int)yourNumber;                             ⑤
    cout << myNuber << endl;

    return 0;
}
```

代码第①行将 int 类型的 i1 变量强制转换为 short int 类型,这显然没有必要,但在语法上是允许的。

代码第②行中 i1 除以 3 的结果中有小数，但由于两个操作数都是 int 类型，所以小数部分被截掉了，结果是 3，该结果被赋值给 float 类型的 c1 变量，最后 c1 保存的结果是 3.0。

代码第③行中整数类型 i1 与 float 类型进行运算，结果是 float 类型，不会截掉小数部分。

代码第④行声明一个很大的长整数 yourNumber。

代码第⑤行由于 yourNumber 数据很大，所以高位被截掉，导致数据精度丢失。

使用 Visual Studio 运行上述示例代码，结果如下：

```
short
int
3
float
__int64
6666666666
-1923267926
```

使用 GCC 编译器编译并运行上述示例代码，结果如下：

```
s
i
3
f
x
6666666666
-1923267926
```

从运行结果可见，原本的 6666666666L 变成了负数，这是因为数据的高位被截掉，这导致数据精度丢失。

## 3.7 动手练一练

1. 选择题

(1) 下面哪行代码在编译时不会发出警告或错误信息？（　　）

　　A. float f = 1.3;　　B. char c = "a";　　C. char b = 257;　　D. Int I = 10;

(2) signed char 的取值范围是（　　）。

　　A. −128～127　　B. −256～256　　C. −255～256　　D. 0～127

(3) 下列选项中哪个不是 C++ 的基本数据类型？（　　）

　　A. short　　B. Boolean　　C. Int　　D. float

2. 判断题

(1) 将小容量的数据赋值给大容量的数据时是自动转换的。（　　）

(2) 将整数类型与浮点类型进行计算，结果还是整数类型。（　　）

3. 编程题

编写程序，计算整数 7 除以整数 5 的结果，将运算结果输出到控制台，并解释输出结果。

# 第 4 章

# 运 算 符

本章介绍 C++中主要的运算符,包括算术运算符、关系运算符、逻辑运算符、位运算符和其他运算符。

如果根据参加运算的操作数的个数划分,运算符可以分为一元运算符、二元运算符和三元运算符。

## 4.1 一元算术运算符

微课视频

一元运算符又分为一元算术运算符、逻辑反和按位反。本节先介绍一元算术运算符,具体说明如表 4-1 所示。

表 4-1  一元算术运算符

| 运 算 符 | 名 称 | 说 明 | 例 子 |
|---|---|---|---|
| − | 取反符号 | 取反运算 | y = − x |
| ++ | 自加 1 | 先取值再加 1,或先加 1 再取值 | x++或++x |
| −− | 自减 1 | 先取值再减 1,或先减 1 再取值 | x −− 或 −− x |

表 4-1 中，− x 是对 x 取反运算；x++ 或 x −− 是在表达式运算完后，再对 x 加 1 或减 1；而 ++x 或 −− x 是先对 x 加 1 或减 1，然后再进行表达式运算。

示例代码如下：

```cpp
// 4.1 一元算术运算符

# include < iostream >

using namespace std;

// 声明全局变量
int a = 12, b = 12;

int main() {
    // 原始值
    cout << "a: " << a << endl;
    cout << "++a: " << ++a << endl;      // 13,a 先加 1 再打印 a
    cout << "a++: " << a++ << endl;      // 13,先打印 a 然后再加 1
    // 原始值
    cout << "b: " << b << endl;
    cout << " -- b: " << -- b << endl;   // 11,b 先减 1 再打印 b
    cout << "b -- : " << b-- << endl;    // 11,先打印 b 然后再减 1

    return 0;
}
```

上述示例代码运行结果如下：

```
a: 12
++a: 13
a++: 13
b: 12
 -- b: 11
b -- : 11
```

微课视频

## 4.2　二元算术运算符

二元算术运算符包括＋、−、＊、/和％，这些运算符对数值类型数据都有效。具体说明如表 4-2 所示。

表 4-2　二元算术运算符

| 运算符 | 名称 | 例子 | 说　　明 |
|---|---|---|---|
| ＋ | 加 | x ＋ y | 求 x 加 y 的和。还可用于 string 类型，进行字符串连接操作 |
| − | 减 | x − y | 求 x 减 y 的差 |
| ＊ | 乘 | x ＊ y | 求 x 乘以 y 的积 |
| / | 除 | x / y | 求 x 除以 y 的商 |
| ％ | 取余 | x ％ y | 求 x 除以 y 的余数 |

示例代码如下:

```cpp
//4.2 二元算术运算符

#include <iostream>

using namespace std;
//声明一个字符类型变量
char charNum = 'A';
// 声明一个整数类型变量
int intResult = charNum + 1;
// 声明一个浮点类型变量
double doubleResult = 10.0;

int main() {
    cout << intResult << endl;          //打印结果 66

    intResult = intResult - 1;
    cout << intResult << endl;          //打印结果 65

    intResult = intResult * 2;
    cout << intResult << endl;          //打印结果 130

    intResult = intResult / 2;
    cout << intResult << endl;          //打印结果 65

    intResult = intResult + 8;
    intResult = intResult % 7;
    cout << intResult << endl;          //打印结果 3

    cout << " ------- " << endl;

    cout << doubleResult << endl;       //打印结果 10

    doubleResult = doubleResult - 1;
    cout << doubleResult << endl;       //打印结果 9

    doubleResult = doubleResult * 2;
    cout << doubleResult << endl;       //打印结果 18

    doubleResult = doubleResult / 2;
    cout << doubleResult << endl;       //打印结果 9

    doubleResult = doubleResult + 8;
    doubleResult = (int)doubleResult % 7;                    ①

    cout << doubleResult << endl;       //打印结果 3
    return 0;
}
```

由于 double 类型变量不能进行取余运算,因此需要将代码第①行的 doubleResult 强制类型转换为 int 类型，再进行运算。

微课视频

# 4.3 关系运算符

关系运算是比较两个表达式的大小的运算，它的结果是布尔类型数据，即 true 或 false。关系运算符属于二元运算符，包括 ==、!=、>、<、>= 和<=，具体说明如表 4-3 所示。

表 4-3 关系运算符

| 运算符 | 名称 | 例子 | 说　明 |
|---|---|---|---|
| == | 等于 | x == y | x 等于 y 时返回 true，否则返回 false。可以应用于基本数据类型和引用数据类型 |
| != | 不等于 | x != y | 与 == 相反 |
| > | 大于 | x > y | x 大于 y 时返回 true，否则返回 false。只应用于基本数据类型 |
| < | 小于 | x < y | x 小于 y 时返回 true，否则返回 false。只应用于基本数据类型 |
| >= | 大于或等于 | x >= y | x 大于或等于 y 时返回 true，否则返回 false。只应用于基本数据类型 |
| <= | 小于或等于 | x <= y | x 小于或等于 y 时返回 true，否则返回 false。只应用于基本数据类型 |

示例代码如下：

```
//4.3 关系运算符

# include < iostream >

using namespace std;

int a = 12, b = 16;

int main() {
    cout << (a < b) << endl;        // 打印结果 1
    cout << (a > b) << endl;        // 打印结果 0
    cout << (a <= b) << endl;       // 打印结果 1
    cout << (a >= b) << endl;       // 打印结果 0
    cout << (a == b) << endl;       // 打印结果 0
    cout << (a != b) << endl;       // 打印结果 1

    return 0;
}
```

微课视频

# 4.4 逻辑运算符

逻辑运算符用于对布尔类型变量进行运算，其结果也是布尔类型。具体说明如表 4-4 所示。

表 4-4　逻辑运算符

| 运算符 | 名称 | 例子 | 说　　明 |
|---|---|---|---|
| ! | 逻辑非 | !x | x 为 true 时,值为 false；x 为 false 时,值为 true |
| & | 逻辑与 | x & y | x 和 y 均为 true 时,计算结果为 true,否则结果为 false |
| \| | 逻辑或 | x \| y | x 和 y 均为 false 时,计算结果为 false,否则结果为 true |
| && | 短路与 | x && y | x 和 y 均为 true 时,计算结果为 true,否则结果为 false。&& 与 & 区别：如果 x 为 false,则不计算 y(因为不论 y 为何值,结果都为 false) |
| \|\| | 短路或 | x \|\| y | x 和 y 均为 false 时,计算结果为 false,否则结果为 true。\|\| 与 \| 区别：如果 x 为 true,则不计算 y(因为不论 y 为何值,结果都为 true) |

提示　　短路与(&&)和短路或(||)能够采用最优化的计算方式,从而提高效率。在实际编程时,应该优先考虑使用短路与和短路或。

示例代码如下：

```cpp
//4.4 逻辑运算符

# include < iostream >

using namespace std;
//声明两个全局变量
int i = 0;
int a = 10;
int b = 9;

int main() {
    if ((a > b) | (i++ == 1)) { // |换成 ||测试一下
      cout << "或运算为 真" << endl;
    } else {
      cout << "或运算为 假" << endl;
    }
    cout << "i = " << i << endl;

    if ((a < b) && (i++ == 1)) { // && 换成 & 测试一下
      cout << "与运算为 真" << endl;
    } else {
      cout << "与运算为 假" << endl;
    }
    cout << "i = " << i << endl;

    if ((a > b) & (a++ ==  -- b)) { // && 换成 & 测试一下
      i = 0;
    }

    cout << "a = " << a << endl;
    cout << "b = " << b << endl;
```

```
        return 0;
}
```

上述示例代码运行结果如下：

```
或运算为 真
i = 1
与运算为 假
i = 1
a = 11
b = 8
```

微课视频

## 4.5　位运算符

位运算是以二进制位（bit）为单位进行的，操作数和结果都是整数类型数据。位运算符有：&、|、^、～、>>、<<和>>>，其中，～是一元运算符，其他都是二元运算符。具体说明如表 4-5 所示。

表 4-5　位运算符

| 运算符 | 名称 | 例子 | 说　　明 |
|---|---|---|---|
| ～ | 按位反 | ～x | 将 x 的值按位取反 |
| & | 按位与 | x&y | 将 x 与 y 按位进行与计算,若全为 1,则这一位为 1;否则为 0 |
| \| | 按位或 | x\|y | 将 x 与 y 按位进行或运算,只要有一个为 1,这一位就为 1;否则为 0 |
| ^ | 按位异或 | x^y | 将 x 与 y 按位进行异或运算,只有两位相反时,这一位才为 1;否则为 0 |
| >> | 右移 | x>>a | 将 x 右移 a 位,高位采用符号位补位 |
| << | 左移 | x<<a | 将 x 左移 a 位,低位采用 0 补位 |

位运算符示例代码如下：

```cpp
//4.5 位运算符

# include < iostream >

using namespace std;

//声明两个全局变量采用二进制表示
short int a = 0B00110010;               //十进制数 50
short int b = 0B01011110;               //十进制数 94

int main() {
    cout << "a | b = " << (a | b) << endl;   // 十进制数 126,二进制表示为 0B01111110
    cout << "a & b = " << (a & b) << endl;   // 十进制数 18,二进制表示为 0B00010010
    cout << "a ^ b = " << (a ^ b) << endl;   // 十进制数 108,二进制表示为 0B01101100
    cout << "～b = " << (～b) << endl;        // 十进制数 - 95

    cout << "a >> 2 = " << (a >> 2) << endl;  // 十进制数 12,二进制表示为 0B00001100
    cout << "a >> 1 = " << (a >> 1) << endl;  // 十进制数 25,二进制表示为 0B00011001
```

```
cout << "a << 2 = " << (a << 2) << endl;  // 十进制数 200,二进制表示为 0B11001000
cout << "a << 1 = " << (a << 1) << endl;  // 十进制数 100,二进制表示为 0B01100100

int c = -12;
cout << "c >> 2 = " << (c >> 2) << endl;  // 十进制数 -3

return 0;
}
```

上述示例代码运行结果如下:

```
a | b = 126
a & b = 18
a ^ b = 108
~b = -95
a >> 2 = 12
a >> 1 = 25
a << 2 = 200
a << 1 = 100
c >> 2 = -3
```

> 💡**提示**　上述代码运算过程涉及原码、补码、反码运算,比较麻烦。笔者归纳总结了一个公式: $\sim b = -1 \times (b + 1)$,如果 b 为十进制数 94,则 $\sim b$ 为十进制数 $-95$。

> 💡**提示**　有符号数右移 $n$ 位,相当于操作数除以 $2^n$,所以 $(x >> 2)$ 表达式相当于 $(x / 2^2)$。另外,左移 $n$ 位,相当于操作数乘以 $2^n$,所以 $(x << 2)$ 表达式相当于 $(x \times 2^2)$。

## 4.6　赋值运算符

赋值运算符只是一种简写,一般用于变量自身的变化。具体说明如表 4-6 所示。

表 4-6　赋值运算符

| 运　算　符 | 名　　称 | 例　子 |
| --- | --- | --- |
| += | 加赋值 | a += b、a += b + 3 |
| -= | 减赋值 | a -= b |
| *= | 乘赋值 | a *= b |
| /= | 除赋值 | a /= b |
| %= | 取余赋值 | a %= b |
| &= | 位与赋值 | x &= y |
| \| = | 位或赋值 | x \| = y |
| ^= | 位异或赋值 | x ^= y |
| <<= | 左移赋值 | x <<= y |
| >>= | 右移赋值 | x >>= y |

微课视频

赋值运算符示例代码如下：

```cpp
//4.6 赋值运算符

#include <iostream>

using namespace std;

//声明两个全局变量
int a = 1;
int b = 2;

int main() {
    a += b;                 // 相当于 a = a + b
    cout << a << endl;      // 打印结果为 3
    a += b + 3;             // 相当于 a = a + b + 3
    cout << a << endl;      // 打印结果为 8
    a -= b;                 // 相当于 a = a - b
    cout << a << endl;      // 打印结果为 6
    a * = b;                // 相当于 a = a * b
    cout << a << endl;      // 打印结果为 12
    a / = b;                // 相当于 a = a/b
    cout << a << endl;      // 打印结果为 6
    a % = b;                // 相当于 a = a % b
    cout << a << endl;      // 打印结果为 0
    return 0;
}
```

上述代码运行结果这里不做赘述。

微课视频

## 4.7 三元运算符

C++中的三元运算符只有一个，即"? … :"，用于代替 if 语句中的 if-else 结构，其语法格式如下：

```cpp
variable = Expression1 ? Expression2: Expression3
```

如果表达式 Expression1 计算结果为 true，则返回表达式 Expression2 的计算结果；否则返回表达式 Expression3 的计算结果。

三元运算符示例代码如下：

```cpp
//4.7 三元运算符

#include <iostream>

using namespace std;
```

```
int main() {

    int n1 = 5, n2 = 10, max;

    cout << "第一个数值：" << n1 << endl;
    cout << "第二个数值：" << n2 << endl;

    // 返回 n1 和 n2 中较大的数
    max = (n1 > n2) ? n1 : n2;                    // 使用三元运算符计算
    cout << "较大的数是：" << max << endl;

    return 0;
}
```

上述代码运行结果如下：

```
第一个数值：5
第二个数值：10
较大的数是：10
```

## 4.8　运算符优先级

在一个表达式计算过程中，运算符的优先级非常重要。表 4-7 中从上到下，运算符的优先级为从高到低，同一行具有相同的优先级。二元运算符计算顺序为从左向右，但是优先级 15 的赋值运算符的计算顺序是从右向左的。

表 4-7　运算符优先级

| 优　先　级 | 运　算　符 |
|---|---|
| 1 | .（引用号）　小括号　中括号 |
| 2 | ++　　--　　-（数值取反）　　~（位反）　　!（逻辑非）　类型转换小括号 |
| 3 | *　　/　　% |
| 4 | +　　- |
| 5 | <<　>>　>>> |
| 6 | <　　>　　<=　　>=　　is |
| 7 | ==　　!= |
| 8 | &（逻辑与、位与） |
| 9 | ^（位异或） |
| 10 | |（逻辑或、位或） |
| 11 | && |
| 12 | || |
| 13 | ?: |
| 14 | -> |
| 15 | =　　*=　　/=　　%=　　+=　　-=　　<<=　　>>=　　>>>=　　&=　　^=　　|= |

运算符优先级从高到低大体是算术运算符→位运算符→关系运算符→逻辑运算符→赋值运算符。

## 4.9 动手练一练

选择题

(1) 下列选项中合法的赋值语句有哪些？（　　　）

    A. a == 1；　　　　B. ++ i；　　　　C. a = a + 1 = 5；D. y = int（i）；

(2) 如果所有变量都已正确定义，以下选项中非法的表达式有哪些？（　　　）

    A. a！= 4 || b == 1　　　　　　　B. 'a' % 3

    C. 'a' = 1/2　　　　　　　　　　D. 'A' + 32

(3) 如果定义 int a = 2;，则执行完语句 a += a -= a * a; 后 a 的值是（　　　）。

    A. 0　　　　　　　B. 4　　　　　　　C. 8　　　　　　　D. -4

(4) 下面关于使用"<<"和">>"操作符的哪些结果是对的？（　　　）

    A. 0B101000 >> 4 的结果是 0B000010　　B. 0B101000 >> 4 的结果是 5

    C. 0B101000 >>> 4 的结果是 0B000010　　D. 0B101000 >>> 4 的结果是 5

# 第 5 章

# 条 件 语 句

条件语句使计算机程序具有"判断能力",能够像人类的大脑一样分析问题,使程序可根据某些表达式的值有选择地执行语句。C++语言提供了两种条件语句:if 语句和 switch 语句。

## 5.1 if 语句

由 if 语句引导的选择结构有 if 结构、if-else 结构和 if-else-if 结构三种。

### 5.1.1 if 结构

if 结构流程图如图 5-1 所示,首先测试条件表达式,如果值为 true,则执行语句组(包含一条或多条语句代码块);否则执行 if 结构后面的语句。

微课视频

---

💡提示　如果语句组只有一条语句,可以省略大括号,但从编程规范角度考虑,不推荐省略大括号,省略大括号会使程序的可读性变差。

---

if 结构语法格式如下：

```
if (条件表达式) {
    语句组
}
```

if 结构示例代码如下：

```
//5.1.1 if 结构

# include < iostream >

using namespace std;

int main() {
    // 成绩
    int score;
    cout << "请录入小明的成绩: " << endl;        ①


    // 从键盘读取成绩
    cin >> score;
    // string a = (score >= 60 ? "及格" : "不及格");   ②
    string a = "不及格";
    if (score >= 60)                          ③
      a = "及格";
    cout << a << endl;

    return 0;
}
```

图 5-1　if 结构流程图

上述代码运行到第①行时，会挂起等待用户输入，输入整数后，如图 5-2 所示，按 Enter 键代码将继续执行，如图 5-3 所示。

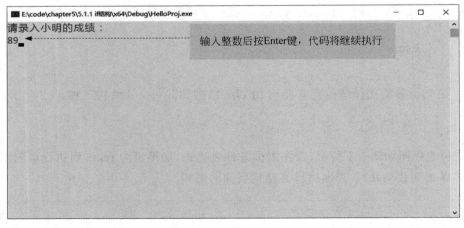

图 5-2　输入整数

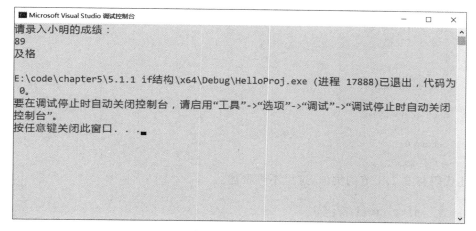

图 5-3　继续执行

上述代码第①行通过 cout 对象从键盘读取一个字符串。

代码第③行 if 结构中的语句组只有一条语句,省略了大括号。代码第③行的 if 结构语句可以使用代码第②行的三元运算符代替。

## 5.1.2　if-else 结构

if-else 结构流程图如图 5-4 所示,首先测试条件表达式,如果值为 true,则执行语句组 1;如果条件表达式值为 false,则忽略语句组 1 而直接执行语句组 2,然后继续执行后面的语句。

if-else 结构语法格式如下:

```
if (条件表达式) {
    语句组 1
} else {
    语句组 2
}
```

if-else 结构示例代码如下:

```
//5.1.2 if - else 结构

# include < iostream >

using namespace std;

int main() {
    // 成绩
    int score;
    cout << "请录入小明的成绩: " << endl;

    // 从键盘读取成绩
    cin >> score;
```

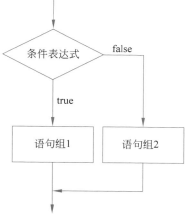

图 5-4　if-else 结构流程图

```
    string a;
    if (score > = 60) {
      a = "及格";
    }
    else {
      a = "不及格";
    }
    cout << a << endl;

    return 0;
}
```

上述代码与 5.1.1 节的类似，这里不再赘述。

微课视频

### 5.1.3　if-else-if 结构

如果有多个分支，可以使用 if-else-if 结构，它的流程如图 5-5 所示。if-else-if 结构实际上是 if-else 结构的多层嵌套，它的特点是在多个分支中只执行一个语句组，而其他分支都不执行，所以这种结构可以用于有多种判断结果的分支中。

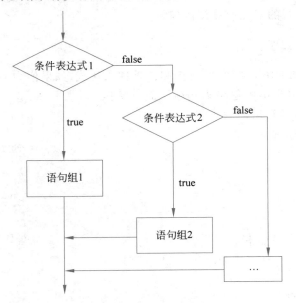

图 5-5　if-else-if 结构流程图

if-else-if 结构语法格式如下：

```
if (条件表达式 1) {
    语句组 1
} else if (条件表达式 2) {
    语句组 2
} else if (条件表达式 3) {
    语句组 3
```

```
    ...
    } else if (条件表达式 n) {
        语句组 n
    } else {
        语句组 n + 1
    }
```

if-else-if 结构示例代码如下：

```cpp
//5.1.3 if-else-if 结构

# include < iostream >

using namespace std;

int main() {
    // 成绩
    int score;
    std::cout << "请录入小明的成绩: " << endl;

    // 从键盘读取成绩
    cin >> score;
    // 声明变量
    char grade;
    if (score >= 90) {
        grade = 'A';
    } else if (score >= 80) {
        grade = 'B';
    } else if (score >= 70) {
        grade = 'C';
    } else if (score >= 60) {
        grade = 'D';
    } else {
        grade = 'F';
    }
    cout << grade << endl;
    return 0;
}
```

上述代码与 5.1.1 节的类似，这里不再赘述。

## 5.2  switch 语句

微课视频

如果分支有很多，那么 if-else-if 结构使用起来就很麻烦，这时可以使用 switch 语句，switch 语句的语法格式如下：

```
switch (条件表达式) {
    case 值 1:
        语句组 1
```

```
    case 值 2:
        语句组 2
    case 值 3:
        语句组 3
            ...
    case 值 n:
        语句组 n
    default:
        语句组 n＋1
}
```

当程序执行到 switch 语句时，先计算条件表达式的值，假设其值为 A，先尝试将 A 与第 1 个 case 语句中的值 1 进行匹配，如果匹配，则执行语句组 1。注意：在语句组执行完毕后并不结束 switch 语句，只有遇到 break 语句时才结束 switch 语句。如果 A 与第 1 个 case 语句的值不匹配，则尝试将其与第 2 个 case 语句进行匹配，如果值匹配则执行语句组 2……以此类推，直到执行代码块 n。如果所有 case 语句都未被执行，则执行 default 语句的代码块 n＋1，然后结束 switch 语句。

使用 switch 语句需要注意如下问题：

（1）在 switch 语句中，条件表达式的值只能是整数或可自动转换成整数的类型，如 bool、char、short int、枚举类型，以及 int 和 long int 及它们的无符号类型等，但不能是 float 和 double 等浮点类型。

（2）可以省略 default 语句。

（3）一般情况下，除了 default 语句，在每个 case 语句结束后都应该有 break 语句，以结束 switch 语句，否则程序会执行下一个 case 语句。

switch 语句示例代码如下：

```
//5.2 switch 语句

# include < iostream >

using namespace std;

int main() {
    // 成绩
    int score;
    cout << "请录 0～100 的整数：" << endl;

    // 从键盘读取成绩
    cin >> score;
    char grade;

    switch (score / 10) {
      case 10: // 10 是贯通的                      ①
        cout << "进入 case 10" << endl;
      case 9:                                      ②
```

```
        cout << "进入 case 9" << endl;
        grade = 'A';
        break;
    case 8:
        grade = 'B';
        break;
    case 7:
        grade = 'C';
        break;
    case 6:
        grade = 'D';
        break;
    default:
        grade = 'F';
    }

    cout << "结束 switch" << endl;
    cout << grade << endl;
    return 0;
}
```

由于代码第①行的 case 10 分支结束时没有 break 语句,所以该分支结束后,程序不会结束 switch 语句,而是进入 case 9 分支,这种情况下称 case 10 是贯通的。

上述代码运行结果如图 5-6 所示,当输入整数 100 时,会进入 case 10 和 case 9 两个分支。

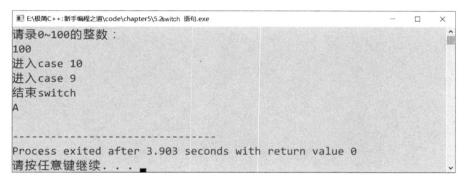

图 5-6　程序运行结果

# 5.3　动手练一练

1. 选择题

（1）switch 语句中"条件表达式"的计算结果是如下哪些类型?（　　）

    A. byte、sbyte、char 和 int 类型        B. string 类型

    C. 枚举类型                D. 以上都不是

（2）下列语句执行后，ch1 的值是（　　　）。

```
char ch1 = 'A', ch2 = 'W';
if (ch1 + 2 < ch2) ++ch1;
```

  A. 'A'      B. 'B'      C. 'C'      D. B

2. 判断题

（1）switch 语句中，每个 case 语句后面都必须加上 break 语句。（　　　）

（2）if 语句可以代替 switch 语句。（　　　）

（3）if 结构的语句组中只有一条语句时，不能省略大括号。（　　　）

# 第 6 章

# 循 环 语 句

循环语句能够使程序代码重复执行。C++支持三种循环语句,即 while 语句、do-while 语句和 for 语句。

## 6.1　while 语句

while 语句是一种先判断循环条件的循环结构,它的流程如图 6-1 所示,首先测试循环条件,如果值为 true,则执行语句组;如果循环条件值为 false,则忽略语句组,执行后面的语句。

示例代码如下:

```
//6.1 while 语句

# include < iostream >

using namespace std;
```

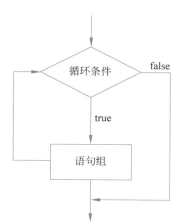

微课视频

图 6-1　while 语句流程图

```cpp
int main() {
    int count = 0;              // 声明变量

    while (count < 3) {
      // 测试条件 count < 3
      cout << "Hello C++!" << endl;
      count++;                  // 累加变量
    }
    cout << "Game Over" << endl;

    return 0;
}
```

上述代码运行结果如下：

```
Hello C++!
Hello C++!
Hello C++!
Game Over
```

循环体中需要循环变量，所以必须在 while 语句之前对循环变量进行初始化。本例中先给循环变量 count 赋值 0，然后必须在循环体内部通过语句更改循环变量的值，否则将会发生死循环。

微课视频

## 6.2　do-while 语句

do-while 语句的使用与 while 语句相似，只不过 do-while 语句是事后判断循环条件，它的流程如图 6-2 所示。do-while 语句语法格式如下：

```
do {
    语句组
} while (循环条件)
```

do-while 语句没有初始化语句，循环次数是不可知的，无论循环条件是否满足，都会先执行一次循环体，然后再判断循环条件。如果循环条件满足，则执行循环体；不满足则结束循环。

示例代码如下：

```cpp
//6.2 do - while 语句

# include < iostream >

using namespace std;

int main() {
```

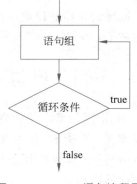

图 6-2　do-while 语句流程图

```
    int count = 5;              // 声明变量
    do {
      cout << "Hello C++!" << endl;
      count++;                  // 累加变量
    } while (count < 3);        // 测试条件 count < 3
cout << "Game Over" << endl;

    return 0;
}
```

上述代码运行结果如下：

```
Hello C++!
Game Over
```

由上述代码运行结果可见，Hello C++！只打印了一次，即使测试条件 count < 3 永远为 false，也会执行一次循环体。

## 6.3 for 语句

for 语句又可以分为 C 语言风格 for 循环语句和 foreach 循环语句，下面分别介绍。

### 6.3.1 C 语言风格 for 循环语句

C 语言风格 for 循环语句顾名思义源自 C 语言，一般语法格式如下：

```
for (初始化; 循环条件; 迭代) {
    语句组
}
```

C 语言风格 for 循环语句流程如图 6-3 所示。首先执行初始化语句，作用是初始化循环变量和其他变量；然后程序会判断循环条件是否满足，如果满足，则继续执行循环体中的语句组，执行完毕后计算迭代语句；之后再判断循环条件，如此反复，直到判断循环条件不满足时跳出循环。

以下示例代码是计算 1～9 的平方表程序：

```
//6.3.1 C 语言风格 for 循环语句
# include < iostream >

using namespace std;

int main() {

    for (int i = 1; i < 10; i++) {
```

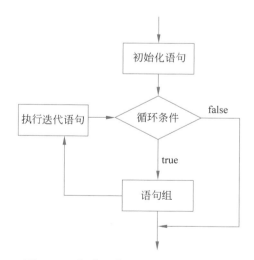

图 6-3 C 语言风格 for 循环语句流程图

```
            cout << i << " x " << i << " = " << (i * i) << endl;
        }

        cout << "Game Over!";

        return 0;
    }
```

上述代码运行结果如下：

```
1 x 1 = 1
2 x 2 = 4
3 x 3 = 9
4 x 4 = 16
5 x 5 = 25
6 x 6 = 36
7 x 7 = 49
8 x 8 = 64
9 x 9 = 81
```

在这个程序的循环部分初始时，给循环变量 i 赋值为 1，每次循环都要判断 i 的值是否小于 10，如果结果为 true，则执行循环体，然后给 i 加 1。因此，最后的结果是打印出 1～9（不包括 10）的平方。

## 6.3.2　foreach 循环语句

C++中并没有 foreach 关键字，它只是一种增强的 for 循环语句，用于从数组和 vector 等容器中遍历元素。

假设有一个数组，采用 foreach 循环语句遍历数组的方式如下：

```
//6.3.2 foreach 循环语句

#include <iostream>

using namespace std;

int main() {

    string strArray[] = {"刘备", "关羽", "张飞"};   // 声明字符串数组     ①

    for (auto item : strArray) {                                   ②
      cout << item << endl;
    }

    cout << "Game Over!";

    return 0;
}
```

上述代码第①行声明字符串数组 strArray，有关数组内容将在第 7 章详细介绍。代码第②行通过 foreach 循环语句遍历数组 strArray，其中 item 是数组中的一个元素。

　　上述示例代码运行结果如下：

```
刘备
关羽
张飞
Game Over!
```

## 6.4　跳转语句

　　跳转语句能够改变程序的执行顺序，实现程序的跳转。在循环语句中主要使用 break 语句、continue 语句和 goto 语句作为跳转语句。

### 6.4.1　break 语句

微课视频

　　break 语句的作用是强行退出循环体，不再执行循环体中剩余的语句。break 语句语法格式如下：

```
break;
```

　　示例代码如下：

```cpp
//6.4.1 break 语句

#include <iostream>

using namespace std;

int main() {

    // 声明数组 arr
    int arr[] = {1, 2, 3, 4, 5, 6, 7, 8, 9, 10};
    // 计算数组的长度
    int length = sizeof(arr) / sizeof(arr[0]);

    for (int i = 0; i < length; i++) {
      if (i == 3) {
        //跳出循环
        break;
      }
      cout << "Count is: " << i << endl;
    }
    cout << "Game Over!";
    return 0;
}
```

　　上述示例代码运行结果如下：

```
Count is: 0
```

```
Count is: 1
Count is: 2
Game Over!
```

## 6.4.2　continue 语句

continue 语句用来结束本次循环,跳过循环体中尚未执行的语句,接着进行终止条件的判断,以决定是否继续循环。对于 for 语句,在进行终止条件的判断前,要先执行迭代语句。

在循环体中使用 continue 语句,语法格式如下:

```
continue;
```

示例代码如下:

```cpp
//6.4.2 continue 语句

#include <iostream>

using namespace std;

int main() {

    // 声明数组 arr
    int arr[] = {1, 2, 3, 4, 5, 6, 7, 8, 9, 10};
    // 计算数组的长度
    int length = sizeof(arr) / sizeof(arr[0]);

    for (int i = 0; i < length; i++) {
      if (i == 3) {
        //跳过本循环,继续下一个循环
        continue;
      }
      cout << "Count is: " << i << endl;
    }

    cout << "Game Over!";
    return 0;
}
```

在上述示例代码中,当条件 i==3 满足时执行 continue 语句,continue 语句会终止本次循环,循环体中 continue 之后的语句将不再执行,接着进行下次循环,所以输出结果中没有 3。

上述代码运行结果如下:

```
Count is: 0
Count is: 1
Count is: 2
Count is: 4
```

```
Count is: 5
Count is: 6
Count is: 7
Count is: 8
Count is: 9
Game Over!
```

### 6.4.3　goto 语句

微课视频

goto 语句是无条件跳转语句,使用 goto 语句可跳转到 goto 关键字后面标签所指定的代码行。

goto 语句示例代码如下:

```
//6.4.3 goto 语句

# include < iostream >

using namespace std;

int main() {
//声明 arr 数组
    int arr[] = {1, 2, 3, 4, 5, 6, 7, 8, 9, 10};

//计算数组的长度
    int length = sizeof(arr) / sizeof(arr[0]);

    for (int i = 0; i < length; i++) {
      if (i == 3) {
        goto label;                                    ①
      }
      cout << "Count is: " << i << endl;
    }
label:                                                 ②
    cout << "Game Over!";

    return 0;
}
```

代码第①行使用 goto 语句跳转到 label 指向的循环,见代码第②行。

上述代码运行结果如下:

```
Count is: 0
Count is: 1
Count is: 2
Game Over!
```

## 6.5 动手练一练

选择题

（1）下列语句序列执行后，k 的值是（    ）。

```
int m = 3, n = 6, k = 0;
while ((m++) < ( -- n)) ++k;
```

    A. 0                 B. 1                 C. 2                 D. 3

（2）能从循环语句的循环体中跳出的语句是（    ）。

    A. for 语句          B. break 语句         C. while 语句         D. continue 语句

（3）下列语句执行后，x 的值是（    ）。

```
int a = 3, b = 4, x = 5;

if (a < b) {
    a++;
    ++x;
}
```

    A. 5                 B. 3                 C. 4                 D. 6

（4）以下 C++代码编译运行后，下列选项中的（    ）会出现在输出结果中。

```
# include < iostream >
# include < string >

using namespace std;

int main()
{
    for (int i = 0; i < 3; i++)
    {
        for (int j = 3; j >= 0; j-- )
        {
            if (i == j)
                continue;
            cout << "i = " << i << " j = " << j << endl;
        }
    }

    return 0;
}
```

    A. i＝0 j＝3         B. i＝0 j＝0         C. i＝2 j＝2         D. i＝0 j＝2
    E. i＝0 j＝1

（5）运行下列 C++代码后，下面选项中的（　　　）将包含在输出结果中。

```cpp
# include < iostream >
using namespace std;

int main() {
    int i = 0;
    do {
        cout << "i = " << i << endl;
    } while ( -- i > 0);
    cout << "完成" << endl;

    return 0;
}
```

A. i = 3　　　　　　　B. i = 1　　　　　　　C. i = 0　　　　　　　D. 完成

# 第 7 章

# 数　　组

本章首先讲解数组的基本特性：一致性、有序性和不可变性；然后讲解如何声明和初始化数组。读者应重点掌握一维数组,熟悉二维数组,了解三维数组。

## 7.1　数组那些事儿

数组是派生数据类型的一种,是能够保存多个相同类型的数据的容器,在计算机语言中是重要的数据类型。

### 7.1.1　数组的基本特性

数组有如下三个基本特性。

（1）一致性：数组只能保存相同类型的数据。

（2）有序性：数组中的元素是有序的,通过数组下标进行访问,如图 7-1 所示。

（3）不可变性：数组一旦初始化,则长度(数组中元

| 元素 ----→ | H | e | l | l | o |
|---|---|---|---|---|---|
| 索引 ----→ | 0 | 1 | 2 | 3 | 4 |

图 7-1　数组中的元素是有序的

素的个数)不可变。

### 7.1.2　数组的维度

数组根据维度,可以分为一维数组、二维数组和三维数组等。数组维度越高,计算效率越低,一般很少使用三维以上的数组。

## 7.2　一维数组

对数组的基本操作一般包括声明数组、初始化数组和访问数组元素。下面从一维数组开始讲起。

### 7.2.1　声明一维数组

声明一维数组即指定数组的类型和长度,并为数组开辟内存空间,示例代码如下。

```
// 声明 4 个元素的 int 类型数组
int array1[4];
```

声明一维数组的长度是 4,即声明包含 4 个元素的 int 类型数组 array1。

### 7.2.2　初始化一维数组

声明数组指为数组的每个元素开辟内存空间,之后还应该为每个元素提供初始值,即初始化数组。如果没有为数组提供初始值,系统就会为其提供默认值,例如,int 类型数据的默认值是 0,浮点类型数据的默认值是 0.0 等。

示例代码如下:

```
//7.2.2 初始化一维数组
# include < iostream >
using namespace std;
int main() {
    // 声明 4 个元素的 int 类型数组
    int array1[4];                              ①

    cout << "array1 占用字节: " << sizeof(array1) << endl;

    // 初始化
    array1[0] = 7;                              ②
    array1[1] = 2;
    array1[2] = 9;
    array1[3] = 10;                             ③
    // 声明而且初始化
    int array2[4] = {7, 2, 9, 10};
    cout << "array2 占用字节: " << sizeof(array2) << endl;
    int array3[] = {7, 2, 9, 10};              ④
```

```
        return 0;
    }
```

上述代码第①行声明 4 个元素的 int 类型数组 array1，代码第②～③行分别初始化数组中的每个元素。

代码第④行声明并初始化数组 array3，其中 array3[] 是省略元素的个数，大括号中的内容是数组中的元素，元素之间以逗号分隔。

上述代码运行结果如下：

```
array1 占用字节: 16
array2 占用字节: 16
```

两个数组都占用 16 字节，因为一个 int 类型的数组占用 4 字节，每个数组都有 4 个元素，所以每个数组都占用 16 字节。

## 7.2.3 访问一维数组中的元素

访问一维数组中的元素可以通过中括号运算符和数组元素的索引进行，如图 7-2 所示。

一维数组 array 的元素和索引如图 7-3 所示，语句 array[0] 就是访问一维数组 array 的 1 个元素，其中 0 是索引。注意：数组索引从 0 开始，从前往后依次加 1，最后一个元素的索引是数组的长度减 1。

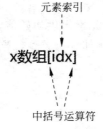

图 7-2 访问一维数组中的元素

图 7-3 一维数组 array 的元素和索引示意图

示例代码如下：

```cpp
//7.2.3 访问一维数组中的元素

#include <iostream>

using namespace std;

int main() {
    // 声明并初始化
    int array[] = {7, 2, 9, 10};

    // 计算数组的长度
    int length = sizeof(array) / sizeof(array[0]);
```

```
// 遍历数组 array
for ( int i = 0; i < length; i++) {          ①
    cout << array[i] << endl;                ②
}

cout << array[ - 10] << endl;                ③
cout << array[10] << endl;                   ④
return 0;
}
```

上述代码第①行通过 for 语句遍历数组,访问数组元素。

代码第②行访问数组元素。

代码第③行和第④行指定索引超出最后一个索引,返回的数据是随机的、无意义的。

上述代码运行结果如下:

```
7
2
9
10
4199861
4199367
```

## 7.3 二维数组

在二维数组中,每一个元素都是一个一维数组,如图 7-4 所示。

图 7-4 二维数组元素和索引示意图

### 7.3.1 声明二维数组

微课视频

在声明一维数组时,需要指定数组的类型和长度。而在声明二维数组时,需要指定行和列的长度,即数组的行数和列数。

示例代码如下:

```
//7.3.1 声明二维数组
# include < iostream >
using namespace std;

int main() {
    // 声明 2 行 3 列的 double 类型的数组
```

```
                                                              ①
    double balance[2][3];
    cout << "balance 占用字节: " << sizeof(balance) << endl;
    return 0;
}
```

上述代码第①行声明 2 行 3 列的 double 类型的数组。

上述代码运行结果如下：

balance 占用字节: 48

由上述运行结果可见，balance 数组占用 48 字节，因为该数组有 6 个 double 类型的数据，每一 double 类型的数据都占用 8 字节，所以整个数组占用 48 字节。

微课视频

## 7.3.2 初始化二维数组

初始化二维数组主要有两种方法。

（1）通过一维数组初始化二维数组，如图 7-5 所示。

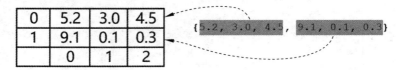

图 7-5　通过一维数组初始化二维数组

示例代码如下：

```
//7.3.2-1 初始化二维数组(通过一维数组初始化二维数组)

#include <iostream>

using namespace std;

int main() {
    // 通过一个一维数组初始化
    double balance[2][3] = {5.2, 3.0, 4.5, 9.1, 0.1, 0.3};
    return 0;
}
```

（2）通过数组嵌套初始化二维数组，如图 7-6 所示。

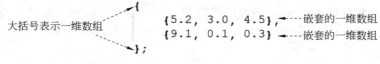

图 7-6　通过数组嵌套初始化二维数组

示例代码如下：

```
//7.3.2-2 初始化二维数组(通过数组嵌套初始化二维数组)

#include <iostream>
```

```
using namespace std;

int main() {
    // 通过数组嵌套初始化
    double balance[2][3] =

    {
      {5.2, 3.0, 4.5},
      {9.1, 0.1, 0.3}
    };

    return 0;
}
```

## 7.3.3 访问二维数组中的元素

访问二维数组中的元素也是通过中括号运算符和数组元素的索引进行的,语法格式如下:

微课视频

x 数组[行索引][列索引]

示例代码如下:

```
//7.3.3 访问二维数组中的元素

# include < iostream >

using namespace std;

int main() {
    // 声明并初始化 2 行 3 列的 double 类型的数组
    double balance[2][3] = {
      {5.2, 3.0, 4.5},
      {9.1, 0.1, 0.3}
    };

    for (int i = 0; i < 2; i++) {        ①
      for (int j = 0; j < 3; j++) {      ②
        cout << balance[i][j] << " ";    ③
      }
      // 打印一个换行符
      cout << endl;
    }
    return 0;
}
```

上述代码第①行通过外循环遍历二维数组中的行。

代码第②行通过内循环遍历二维数组中的列。

代码第③行访问数组元素。

上述代码运行结果如下：

```
5.2    3.0    4.5
9.1    0.1    0.3
```

微课视频

# 7.4  三维数组

在三维数组中，每一个元素都是一个二维数组，如图 7-7 所示。

对三维数组中元素的声明和访问与二维数组类似，就是麻烦一些，示例代码如下：

```
//7.4 三维数组

#include <iostream>

using namespace std;

int main() {                                         ①
    int array3d[2][3][4] =
    {
      { {0, 1, 2, 3},
        {4, 5, 6, 7},
        {8, 9, 10, 11}
      },

      { {12, 13, 14, 15},
        {16, 17, 18, 19},
        {20, 21, 22, 23}
      }
    };

    cout << "array3d 占用字节：" << sizeof(array3d) << endl;

    for (int i = 0; i < 2; i++) {                    ②
      for (int j = 0; j < 3; j++) {
        for (int k = 0; k < 4; k++) {
          cout << array3d[i][j][k] << " ";
        }
        // 打印一个换行符
        cout << endl;
      }
      // 打印一个换行符
      cout << "-----" << i + 1 << "页结束-------" << endl;
    }
```

```
{
  {  {0, 1, 2, 3},
     {4, 5, 6, 7},      ◀----- 第0页
     {8, 9, 10, 11}
  },

  {  {12, 13, 14, 15},
     {16, 17, 18, 19},  ◀----- 第1页
     {20, 21, 22, 23}
  }
};
```

图 7-7  三维数组元素和索引示意图

```
        return 0;
    }
```

上述代码第①行声明 2 页 3 行 4 列的三维数组。

代码第②行通过 3 个 for 语句遍历数组。

上述代码运行结果如下：

```
array3d 占用字节：96
0        1        2        3
4        5        6        7
8        9        10       11
------ 0 页结束 -------
12       13       14       15
16       17       18       19
20       21       22       23
------ 1 页结束 -------
```

# 7.5  动手练一练

1. 选择题

(1) 下面哪个选项正确声明了整数类型数组 a[]？（　　）

    A. string a[];      B. int a[2];      C. int[2] a;      D. int[] a;

(2) 下面哪个选项正确初始化了整数类型数组 a[]？（　　）

    A. int a[2] = {9，10};          B. int a[2] = new {9，10};

    C. int a[2] = [9，10];          D. int a[2];

(3) 数组的基本特性有哪些？（　　）

    A. 一致性      B. 有序性      C. 不可变性      D. 原子性

2. 判断题

(1) 数组的长度是可变的。（　　）

(2) 对数组中元素的访问可以通过索引进行，数组的索引是从 1 开始的。（　　）

3. 编程题

(1) 从控制台输入一个整数 $n$，并声明有 $n$ 个元素的整数类型数组。

(2) 初始化元素为 0~999 的共 1000 个元素的整数类型数组，并利用这个数组计算水仙花数（水仙花数指一个三位数，它的每位上的数字的三次幂之和等于它本身）。

# 第8章

# 字　符　串

字符串是常用的数据类型,本章介绍字符串。

## 8.1　字符串概述

在 C++ 中使用的字符串有两种类型:

(1) C 语言风格的字符串。

(2) C++ 标准库提供的字符串类型。

由于 C++ 源于 C 语言,所以在 C++ 中还可以编写 C 语言代码,也可以使用 C 语言风格的字符串,只是这种字符串不是面向对象的;而 string 类型的字符串是由 C++ 标准库提供的,是面向对象的。

### 8.1.1　C语言风格的字符串

在 C++ 中,C 语言风格的字符串一般使用较少,但对于初学者而言,了解 C 语言风格的字符串有助于理解字符串的底层原理。

微课视频

字符串本质上就是字符数组,下面的代码是声明和初始化 C 语言风格的字符串。

```
char str[] = "hello";
```

从上述代码可见,字符串就是一个字符数组。

示例代码如下:

```
//8.1.1 C语言风格的字符串

# include < iostream >
using namespace std;

int main() {
        char str[] = "Hello";
        cout << str << endl;                    ①

        // 计算数组的长度
        int length = sizeof(str) / sizeof(str[0]);
        cout << "字符串 str 的长度: " << length << endl;

        return 0;
}
```

上述示例代码运行结果如下:

```
Hello
字符串 str 的长度: 6
```

💡 **提示**　上述代码第①行 Hello 字符串的长度是 5,为什么输出的结果是 6 呢? 这是因为:为了表示字符串的结果,C++ 编译器会在初始化数组时,自动把空字符 null 放在字符串的末尾,空字符 null 在计算机中表示为 \0。Hello 字符串在内存中的表示如图 8-1 所示,其长度为 6。

| 元素 | H | e | l | l | o | \0 |
|---|---|---|---|---|---|---|
| 索引 | 0 | 1 | 2 | 3 | 4 | 5 |

图 8-1　Hello 字符串在内存中的表示

## 8.1.2　C++ 标准库提供的字符串类型

微课视频

C++ 标准库提供的字符串是通过 string 类表示的。

示例代码如下:

```
//8.1.2 C++标准库提供的字符串类型

# include < iostream >
# include < string >                                        ①
using namespace std;                                        ②

int main() {
        string str1 = "Hello";                              ③
        std::string str2;    // 初始化空字符串              ④
```

```
    string str3(str1);  // 通过 str1 字符串初始化 str3 字符串

    cout << str1 << endl;

    // 计算数组的长度
    cout << "通过 length()函数获得字符串 str1 的长度: " << str1.length() << endl; ⑤
    cout << "通过 length()函数获得字符串 str2 的长度: " << str2.length() << endl;
    cout << "通过 size()函数获得字符串 str1 的长度: " << str1.size() << endl;        ⑥
    cout << "通过 size()函数获得字符串 str2 的长度: " << str2.size() << endl;

    return 0;
}
```

上述代码第①行包含头文件< string >，string 类是在< string >头文件中声明的。

代码第②行告诉编译器，后续的代码正在使用命名空间 std，std 是 C++的标准库库名。

代码第③行声明变量 str1 为 string 类型，string 是 C++标准库提供的字符串类，str1 是 string 类所创建的对象。

代码第④行由于代码第②行使用了 using namespace std，所以可以省略“std::”。

代码第⑤行的 length()是 string 类的函数，可用于获得字符串的长度，通过 str1 对象加点(.)运算符访问。

代码第⑥行的 size()函数也可用于获得字符串的长度。

上述示例代码运行结果如下：

```
Hello
通过 length()函数获得字符串 str1 的长度: 5
通过 length()函数获得字符串 str2 的长度: 0
通过 size()函数获得字符串 str1 的长度: 5
通过 size()函数获得字符串 str2 的长度: 0
```

💡提示　类和对象是什么关系呢？类是对客观事物的抽象，例如，student 是对一个班级中张同学、李同学等具有共同属性和行为的个体的抽象，而对象是类实例化的个体。

## 8.2　字符串的用法

下面重点讲解 C++标准库中字符串的用法。

### 8.2.1　字符串拼接

微课视频

如果想将 Hello 和 World 两个字符串拼接成一个字符串，则可以通过“＋”运算符和“＋＝”运算符实现。

示例代码如下：

```
//8.2.1 字符串拼接
```

```
# include < iostream >
# include < string >
using namespace std;

int main() {
     // 创建字符串 str1
     string str1 = "Hello";
     // 创建字符串 str2
     string str2 = str1 + '';                          ①

     str2 += "World";                                   ②

     cout << str2 << endl;
     return 0;
}
```

上述代码第①行将 Hello 字符串与空格字符拼接起来。

代码第②行使用"＋＝"运算符将 str2 字符串与 World 字符串拼接起来，再赋值给 str2 字符串。

上述示例代码运行结果如下：

```
Hello World
```

## 8.2.2　字符串追加

如果想在一个字符串后面追加一个字符串，则可以通过 append()函数实现。

示例代码如下：

微课视频

```
//8.2.2 字符串追加

# include < iostream >
# include < string >
using namespace std;

int main() {
     // 创建字符串 str1
     string str1 = "Hello";

     str1.append(" ").append("World");                  ①

     cout << str1 << endl;
     return 0;
}
```

上述代码第①行使用 append()函数在 str1 字符串后面追加空格和字符串 World。

上述示例代码运行结果如下：

```
Hello World
```

微课视频

### 8.2.3　字符串查找

如果想在一个字符串中查找感兴趣的子字符串，则可以通过如下函数实现。

（1）find()：从前往后查找字符串，如图 8-2 所示，如果找到，则返回所找到的子字符串所在位置的索引；如果没找到，则返回常量 std::string::npos。

（2）rfind()：从后往前查找字符串，如图 8-2 所示，如果找到，则返回所找到的子字符串所在位置的索引；如果没找到，则返回常量 std::string::npos。

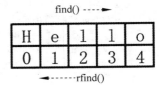

图 8-2　通过 find()和 rfind()
函数查找 Hello 字符串

示例代码如下：

```
//8.2.3 字符串查找

#include < iostream >
#include < string >
using namespace std;

const string str1 = "There is a string accessing example.";    ①
const string str2 = "ing";                                      ②

int main() {
    int found = str1.find(str2);                                ③
    if (found != string::npos) {                                ④
        cout << "所找到的子字符串的位置是: " << found << endl;
    } else {
        cout << "没有找到子字符串" << str1 << endl;
    }

    found = str1.rfind(str2);                                   ⑤
    if (found != string::npos) {
        cout << "所找到的子字符串的位置是: " << found << endl;
    } else {
        cout << "没有找到子字符串" << str1 << endl;
    }
    return 0;
}
```

上述代码第①行声明字符串 str1。

代码第②行声明子字符串 str2。

代码第③行在字符串 str1 中从前往后查找子字符串 str2，find()函数返回值 found 是找到的子字符串所在位置的索引，如图 8-3 所示，可见索引是 14。

代码第④行中，如果(found!＝string::npos)表达式为真，则表示找到子字符串，否则表示没找到。

代码第⑤行在字符串 str1 中从后往前查找子字符串 str2，rfind()函数返回值 found 是找到的子字符串所在位置的索引,如图 8-3 所示,可见索引是 24。

上述示例代码运行结果如下:

所找到的子字符串的位置是: 14
所找到的子字符串的位置是: 24

图 8-3　字符串查找

## 8.2.4　字符串比较

进行字符串比较时,首先比较它们的第 1 个字符的 ASCII 值大小,ASCII 值大,则该字符串就大。如果第 1 个字符的 ASCII 值相等,则比较第 2 个字符的 ASCII 值,直到分出大小为止。

微课视频

示例代码如下:

```cpp
//8.2.4 字符串比较

#include <iostream>
#include <string>
using namespace std;

const string str1 = "Hello";
const string str2 = "Hi,";

int main() {

    if (str1 == str2) {
      cout << "\"Hello\"等于\"Hi,\"" << endl;
    } else if (str1 > str2) {
      cout << "\"Hello\"大于\"Hi,\"" << endl;
    } else {
      cout << "\"Hello\"小于\"Hi,\"" << endl;
    }
    return 0;
}
```

上述示例代码运行结果如下:

"Hello"小于"Hi,"

## 8.2.5　字符串截取

如果想从一个字符串中截取子字符串,则可以使用 string 类的 substr()函数实现,语法

微课视频

格式如下：

```
string substr (pos, len);
```

其中的参数说明如下：

（1）pos：表示开始截取字符串的位置，如果省略，则从头开始截取。

（2）len：表示所截取字符串的长度，如果省略，则截取到字符串结尾。

substr(pos,len)函数的返回值是所截取的子字符串。

字符串截取示例代码如下：

```
//8.2.5 字符串截取

# include < iostream >
# include < string >
using namespace std;

const string str1 = "Hello";

int main() {
        string substr1 = str1.substr(1, 3);                    ①
        cout << "substr1 为: " << substr1 << endl;

        string substr2 = str1.substr(2);                       ②
        cout << "substr2 为: " << substr2 << endl;

        return 0;
}
```

上述代码第①行从第 2 个字符开始截取 3 个字符。注意：第 2 个字符索引是 1。代码第②行从第 3 个字符开始截取到字符串结尾。注意：第 3 个字符索引是 2。

上述示例代码运行结果如下：

```
substr1 为: ell
substr2 为: llo
```

微课视频

## 8.3　字符串中的字符转义

如果希望在字符串中包含双引号(")这样的特殊字符，则需要将这些特殊字符进行转义。在转义的字符前面要加上反斜线(\)，这称为字符转义。常见的转义符如表 8-1 所示。

表 8-1　常见的转义符

| 转　义　符 | 说　　明 | 转　义　符 | 说　　明 |
| --- | --- | --- | --- |
| \t | 水平制表符 Tab | \" | 双引号 |
| \n | 换行符 | \' | 单引号 |
| \r | 回车符 | \\ | 反斜线 |

示例代码如下：

//8.3 字符串中的字符转义

```cpp
# include < iostream >
# include < string >
using namespace std;

int main() {
    //在 Hello 和 World 之间插入制表符
    string specialCharTab1 = "Hello\tWorld.";
    //在 Hello 和 World 之间插入换行符
    string specialCharNewLine = "Hello\nWorld.";
    //在 Hello 和 World 之间插入双引号
    string specialCharQuotationMark = "Hello\"World.";
    //在 Hello 和 World 之间插入单引号
    string specialCharApostrophe = "Hello\'World\'.";
    //在 Hello 和 World 之间插入反斜线
    string specialCharReverseSolidus = "Hello\\World.";
    cout << "水平制表符 tab: " << specialCharTab1 << endl;
    cout << "换行符: " << specialCharNewLine << endl;
    cout << "双引号: " << specialCharQuotationMark << endl;
    cout << "单引号: " << specialCharApostrophe << endl;
    cout << "反斜线: " << specialCharReverseSolidus << endl;
    return 0;
}
```

上述示例代码运行结果如下：

```
水平制表符 tab: Hello    World.
换行符: Hello
World.
双引号: Hello"World.
单引号: Hello'World.
反斜线: Hello\World.
```

# 8.4　动手练一练

1. 选择题

（1）假设所有命名空间都能正确指定，那么下面哪些选项能正确声明字符串？（　　）

　　A. char str[] = "Hello";　　　　　　B. std∷string str = "Hello";

　　C. string str = "Hello";　　　　　　D. char str = "Hello";

（2）下列哪些方法能够将两个字符串拼接起来？（　　）

　　A. 通过＋运算符实现　　　　　　　B. 通过＋＝运算符实现

　　C. 通过 substr() 函数实现　　　　　D. 通过 append() 函数实现

（3）下列哪些选项能够实现字符串查找？（　　　）

    A．find()函数                B．rfind()函数

    C．substr()函数             D．append()函数

2．判断题

进行字符串比较时，首先比较它们的第 1 个字符的 ASCII 值，ASCII 值大的字符串大；如果第 1 个字符的 ASCII 值相等，则比较第 2 个字符的 ASCII 值，直到分出大小为止。（　　　）

3．编程题

（1）移动电话号码的前 3 位表示所属的运营商。请编写程序从控制台读取电话号码，判断其属于哪一个运营商。

（2）从控制台输入一个字符串，编写程序，将该字符串翻转过来，如将 Hello 翻转为 olleH。

# 第 9 章

# 指 针 类 型

指针是 C++中难度较大的知识点,它很抽象,但功能很强大,可直接访问内存,也会导致很多问题。本章重点介绍 C++中的指针类型。

## 9.1　C++指针

指针是用来保存其他变量的内存地址的变量。

如图 9-1 所示,变量 $x$ 在初始化后,系统会为其分配内存空间。假设变量 $x$ 的内存地址是 $0x61ff08$,如果用一个变量 pt 保存该内存地址,那么变量 pt 就是指针变量。

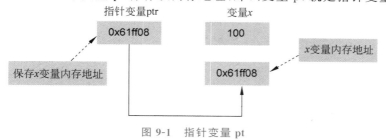

图 9-1　指针变量 pt

### 9.1.1 声明指针变量

声明指针变量的语法格式如下：

datatype * variable_name;

datatype 是 C++变量类型，"*"在这里称为间接寻址运算符，variable_name 是指针变量名。

示例代码如下：

```
//9.1.1 声明指针变量

#include <iostream>
using namespace std;

int main() {
    // 声明 int 类型指针变量 a
    int * a;
    // 声明 float 类型指针变量 b
    float * b;                    ①
    // 声明 double 类型指针变量 c
    double * c;                   ②
}
```

上述代码第①行声明 float 类型的指针变量 b。注意：在"*"运算符与数据类型及变量名之间可以没有空格。

代码第②行声明 double 类型的指针变量 c。注意：在"*"运算符与数据类型及变量名之间可以有任意多个空白（包括空格、制表符等），但一般推荐用一个空格。

### 9.1.2 获取变量的内存地址

若想获取一个变量的内存地址，则可以使用"&"运算符。获取变量的内存地址的示例代码如下：

```
//9.1.2 获取变量的内存地址

#include <iostream>
using namespace std;

int main() {
    // 声明变量 x
    int x = 100;
    cout << "变量 x 的内存地址: " << &x << endl;

    // 声明并初始化指针变量 pt
    int * pt = &x;                    ①

    // 通过指针访问变量 x
```

```
        cout << "通过指针访问变量 x: " << * pt << endl;    ②
}
```

上述代码第①行的"&x"获取变量 x 的内存地址,并将该地址赋值给指针变量 pt。

代码第②行的"* pt"打印指针变量 pt 所指向的变量。

上述示例代码运行结果如下:

变量 x 的内存地址: 000000A5013FF974
通过指针访问变量 x: 100

# 9.2　指针进阶

## 9.2.1　指针与数组

微课视频

指针与数组的关系非常密切,为了帮助读者理解它们之间的关系,这里先介绍一下数组的底层原理。数组一旦被初始化,它的各个元素的内存地址就分配好了,其中有一个规则,即数组中的每个元素的内存地址都是连续的。

如果使用"&"运算符获取数组的内存地址,则事实上是获取了它的第 1 个元素的内存地址,其他元素的内存地址依次加 1。数组的内存地址分配如图 9-2 所示。

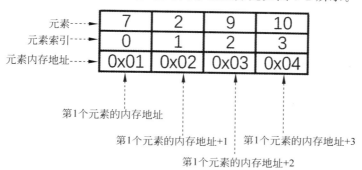

图 9-2　数组的内存地址分配

示例代码如下:

```
//9.2.1 指针与数组

# include < iostream >
using namespace std;

int main() {
    // 声明 int 指针变量
    int * ptr = NULL;                          ①

    // 声明并初始化
    int array[] = {7, 2, 9, 10};
```

```
// 获取数组的内存地址
ptr = array;
// 也可以使用如下语句替换
// ptr = &array[0];

cout << "数组变量 array 的内存地址: " << ptr << endl;

cout << "获得数组 array 的第 1 个元素: " << *(ptr + 0) << endl;      ②
cout << "获得数组 array 的第 2 个元素: " << *(ptr + 1) << endl;      ③
cout << "获得数组 array 的第 3 个元素: " << *(ptr + 2) << endl;
cout << "获得数组 array 的第 4 个元素: " << *(ptr + 3) << endl;

return 0;
}
```

上述代码第①行声明 int 类型的指针变量，其中 NULL 表示空指针。在声明指针变量时，如果没有确切的内存地址可以赋值，则为指针变量赋一个 NULL 值是一个良好的编程习惯，这可以防止指针指向不确定的内存地址。

代码第②行中的 *(ptr + 0)是指针表达式，用来计算数组元素的内存地址，ptr 是数组开始的内存地址，所以 ptr + 0 是数组第 1 个元素的内存地址，*(ptr + 0)等同于 array[0]。

代码第③行中的 *(ptr + 1)是指针表达式，用来计算数组元素的内存地址，ptr 是数组开始的内存地址，所以 ptr + 1 是数组第 2 个元素的内存地址，*(ptr + 1)等同于 array[1]。

上述示例代码运行结果如下：

```
变量 x 的内存地址: 0000000F276FF8E8
获得数组 array 的第 1 个元素: 7
获得数组 array 的第 2 个元素: 2
获得数组 array 的第 3 个元素: 9
获得数组 array 的第 4 个元素: 10
```

微课视频

## 9.2.2　二级指针

二级指针就是指向指针的指针。

在图 9-3 中，变量 $x$ 的内存地址是 0x61ff08，指针变量 ptr 保存变量 $x$ 的内存地址。指针变量 ptr 也会占用内存空间，也有自己的内存地址 0x61ff08。指针变量 pptr 保存了 ptr 的内存地址，pptr 是指向指针变量 ptr 的指针，即二级指针。

图 9-3　二级指针

示例代码如下：

```
//9.2.2 二级指针

# include < iostream >
```

```
using namespace std;

int main() {
    // 声明变量 x
    int x = 100;

    // 声明并初始化指针变量 pt
    int * pt = &x;

    cout << "变量 x 的内存地址: " << pt << endl;

    // 声明并初始化二级指针变量 pptr
    int ** pptr = &pt;                                    ①
    cout << "指针变量 pt 的内存地址: " << pptr << endl;

    cout << "通过指针访问变量 x: " << * pt << endl;
    cout << "通过二级指针访问变量 x: " << ** pptr << endl;  ②
}
```

上述代码第①行使用两个星号表示声明的是二级指针变量 pptr。

代码第②行通过两个星号访问指针变量 pptr 所指向的内容。

上述示例代码运行结果如下：

```
变量 x 的内存地址: 0000003684BDF854
指针变量 pt 的内存地址: 0000003684BDF878
通过指针访问变量 x: 100
通过二级指针访问变量 x: 100
```

## 9.2.3　对象指针

对象指针指向的变量是一个对象，它的声明与其他指针类型没有区别。

如图 9-4 所示，变量 $x$ 是一个对象，它的内存地址是 0x61ff08，指针变量 pt 保存该变量的内存地址。

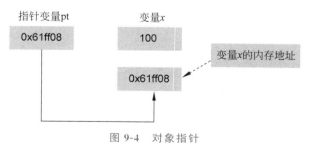

图 9-4　对象指针

示例代码如下：

```
//9.2.3 对象指针

# include < iostream >
using namespace std;
```

```
int main() {
    string greeting = "Hello";          ①
    string * ptr = &greeting;           ②

    int pos, len;                       ③

    // 通过对象访问类成员函数
    pos = greeting.find("o");           ④
    cout << "查找 o 字符的位置" << pos << endl;
    len = greeting.size();
    cout << "返回字符串长度" << len << endl;

    // 通过对象指针访问类成员函数
    pos = ptr -> find("o");             ⑤
    cout << "查找 o 字符的位置" << pos << endl;
    len = ptr -> size();
    cout << "返回字符串长度" << len << endl;
}
```

上述代码第①行声明字符串变量 greeting，它是 string 类对象。

代码第②行获取对象 greeting 的内存地址。

代码第③行声明两个 int 类型的变量。

代码第④行通过对象访问类成员函数，需要通过点运算符(.)实现。

代码第⑤行通过对象指针访问类成员函数，需要通过箭头运算符(—>)实现。

上述示例代码运行结果如下：

```
查找 o 字符的位置 4
返回字符串长度 5
查找 o 字符的位置 4
返回字符串长度 5
```

## 9.3　动手练一练

1. 选择题

（1）下列选项中哪些可正确声明指针变量 a？（　　）

　　A. int　*a;　　　　B. int * a;　　　　C. *int　a;　　　　D. int　*　a;

（2）下列选项中哪些可获取变量 a 的内存地址？（　　）

　　A. &a;　　　　B. & a;　　　　C. *a;　　　　D. *a;

2. 判断题

（1）如果获取到数组的第 1 个元素的内存地址 p，那么数组的第 3 个元素的内存地址就是 p+2。（　　）

（2）二级指针本质上就是一个指针。（　　）

3. 编程题

给定如下数组，通过指针访问该数组的元素，然后找出元素中的最大值，并将结果输出到控制台。

{23.4, -34.5, 50.0, 33.5, 155.5, -66.5}

# 第 10 章

# 自定义数据类型

C++中的自定义数据类型包括枚举、结构体、联合和类。本章重点讲解枚举、结构体和联合的内容,类的内容将在第 12 章讲解。

微课视频

## 10.1  枚举

使用枚举可以增强程序的可读性。下面先看不使用枚举的示例代码:

```
//10.1-1 枚举 - 1

# include < iostream >
# include < string >
using namespace std;

int main() {
    // 季节变量
    int varseason;
    cout << "请录入 0~3 的整数: " << endl;
```

```
        // 从键盘读取季节
        cin >> varseason;
        switch (varseason) {
          // 如果是春天
          case 0:
            cout << "多出去转转." << endl;
            break;

          // 如果是夏天
          case 1:
            cout << "钓鱼游泳." << endl;
            break;
          // 如果是秋天
          case 2:
            cout << "秋收了." << endl;
            break;

          default:
            cout << "在家待着." << endl;
        }
        return 0;
}
```

上述代码可读性差,其中 case 中的 0、1 等数值含义不明。为了增强程序的可读性,可以定义 4 个常量,即定义枚举类型,示例代码如下:

```
// 10.1 - 2 枚举 - 2

# include < iostream >
# include < string >
using namespace std;

// 定义枚举类型
enum season {                                    ①
    spring, // 定义春成员
    summer, // 定义夏成员
    autumn, // 定义秋成员
    winter  // 定义冬成员
};

int main() {
    // 季节变量
    int varseason;
    std::cout << "请录入 0~3 的整数: " << std::endl;
    // 从键盘读取季节
    std::cin >> varseason;
    switch (varseason) {
      // 如果是春天
      case spring:                               ②
        std::cout << "多出去转转." << std::endl;
```

```
          break;

        // 如果是夏天
        case summer:                                      ③
          std::cout << "钓鱼游泳." << std::endl;
          break;
        // 如果是秋天
        case autumn:                                      ④
          std::cout << "秋收了." << std::endl;
          break;
        default:
          std::cout << "在家待着." << std::endl;
      }
      return 0;
}
```

上述代码第①行定义枚举类型 season,其中 enum 是定义枚举类型的关键字,它有 4 个成员,第 1 个成员的默认值是 0,其他成员的值依次加 1。

代码第②行使用枚举成员 spring 代替 0,程序可读性强。

代码第③行使用枚举成员 summer 代替 1,程序可读性强。

代码第④行使用枚举成员 autumn 代替 2,程序可读性强。

上述示例代码运行结果这里不做赘述。

成员默认值是从 0 开始,开发人员可以根据需要设置这些成员值,示例代码如下:

```
//10.1-3 枚举-3
#include <iostream>
#include <string>
using namespace std;

// 定义枚举类型
enum season {                                             ①
    spring = 1, // 定义春成员
    summer = 4, // 定义夏成员
    autumn = 8, // 定义秋成员
    winter = 12  // 定义冬成员
};

int main() {
    // 季节变量
    int varseason;
    cout << "请录入 1、4、8 和 12 等整数: " << endl;
    // 从键盘读取季节
    cin >> varseason;
    switch (varseason) {
      // 如果是春天
      case spring:
        cout << "多出去转转." << endl;
        break;
```

```
        // 如果是夏天
        case summer:
            cout << "钓鱼游泳." << endl;
            break;
        // 如果是秋天
        case autumn:
            cout << "秋收了." << endl;
            break;
        default:
            cout << "在家待着." << endl;
    }
    return 0;
}
```

上述代码第①行定义枚举类型 season,它的成员值是开发人员自己设置的,分别是 1、4、8 和 12,其他内容与代码 10.1-2 没有区别,这里不做赘述。

# 10.2  结构体

结构体是不同类型数据的集合,而数组是相同类型数据的集合,如图 10-1 所示是 Student(学生)结构体信息,包括 id(学号)、name(姓名)、age(年龄)和 gender(性别)4 个成员(或称字段)。

创建 Student 结构体示例代码如下:

```
//10.2 结构体
# include < iostream >
# include < string >
using namespace std;

//定义 Student 结构体类型
struct Student {
    int id;            //id 成员
    string name;       //name 成员
    int age;           //age 成员
    char gender;       // gender 成员,字符类型,M 表示男,F 表示女
};
```

图 10-1  Student 结构体信息

定义结构体使用 struct 关键字。

## 10.2.1  结构体变量

结构体定义完后即可使用。结构体是一种自定义的数据类型,可以声明结构体变量,也可以声明结构体指针变量。

结构体变量示例代码如下:

```
//10.2.1 结构体变量
# include < iostream >
```

微课视频

```cpp
#include <string>
using namespace std;
...

int main() {
    //声明 Student 结构体变量 stu1                          ①
    Student stu1;

    stu1.id = 100;                                          ②
    stu1.name = "江小白";
    stu1.age = 18;
    stu1.gender = 'M';

    //声明 Student 结构体变量 stu2                          ③
    Student stu2;

    stu2.id = 100;
    stu2.name = "张小红";
    stu2.age = 17;
    stu2.gender = 'F';

    cout << "----------- 打印学生 1 的信息 ----------- " << endl;
    cout << "姓名：" << stu1.name << endl;
    cout << "学号：" << stu1.id << endl;
    cout << "年龄：" << stu1.age << endl;
    if (stu1.gender == 'F')
        cout << "性别：女" << endl;
    else
        cout << "性别：男" << endl;

    cout << "----------- 打印学生 2 的信息 ----------- " << endl;
    cout << "姓名：" << stu2.name << endl;
    cout << "学号：" << stu2.id << endl;
    cout << "年龄：" << stu2.age << endl;
    if (stu2.gender == 'F')
        cout << "性别：女" << endl;
    else
        cout << "性别：男" << endl;

    return 0;
}
```

上述代码第①行声明 Student 结构体变量 stu1；代码第②行通过点（.）运算符访问结构体的 id 成员；代码第③行声明 Student 结构体变量 stu2。

上述示例代码运行结果如下：

```
----------- 打印学生 1 的信息 -----------
姓名：江小白
学号：100
年龄：18
```

性别：男
----------- 打印学生 2 的信息 -----------
姓名：张小红
学号：100
年龄：17
性别：女

## 10.2.2 结构体指针变量

本节介绍使用结构体指针变量。

示例代码如下：

微课视频

```
//10.2.2 结构体指针变量

# include < iostream >
# include < string >
using namespace std;
...

int main() {
    //声明 Student 结构体变量 stu
    Student stu;                                    ①

    // 声明 Student 结构体指针变量 stu_ptr
    Student * stu_ptr = &stu;                       ②

    stu_ptr -> id = 100;                            ③
    stu_ptr -> name = "张小红";
    stu_ptr -> age = 17;
    stu_ptr -> gender = 'F';

    cout << "----------- 打印学生信息 ----------- " << endl;
    cout << "姓名: " << stu_ptr -> name << endl;
    cout << "学号: " << stu_ptr -> id << endl;
    cout << "年龄: " << stu_ptr -> age << endl;
    if (stu_ptr -> gender == 'F')
      cout << "性别: 女" << endl;
    else
      cout << "性别: 男" << endl;

    return 0;
}
```

上述代码第①行声明 Student 结构体变量 stu；代码第②行声明 Student 结构体指针变量 stu_ptr；代码第③行使用箭头（->）运算符访问结构体成员，这是因为 stu_ptr 是指针变量。

上述示例代码运行结果如下：

----------- 打印学生信息 -----------
姓名：张小红

学号：100
年龄：17
性别：女

微课视频

## 10.3 联合

联合和结构体在形式上比较类似，都有若干成员，它们的区别如表 10-1 所示。

表 10-1　结构体和联合的区别

| | 结 构 体 | 联 合 |
|---|---|---|
| 成员 | 每个成员都有自己的独立内存空间 | 各成员共享相同的内存空间，每次只能存储一个成员 |
| 长度 | 变量的总长度是各成员长度之和 | 变量的长度由最长的成员长度决定 |

联合示例代码如下：

```
//10.3－1 联合－1

#include<iostream>
using namespace std;

//定义联合 Data 的类型
union Data {                                              ①
    int no;
    double salary;
    char gender;
};

int main() {
    // 声明联合 Data 变量 data
    union Data data;                                      ②
    cout << sizeof(data) << endl;

    data.no = 100;                                        ③
    cout << "data.no:" << data.no << endl;
    cout << "data.gender:" << data.gender << endl;

    data.gender = 'F';                                    ④
    cout << "data.no:" << data.no << endl;
    cout << "data.gender:" << data.gender << endl;

    return 0;
}
```

上述代码第①行定义联合 Data 的类型，其中 union 是定义联合的关键字。联合 Data 有 3 个成员，其中成员 salary 是 double 类型，占用字节最多（8 字节）。所以联合 Data 声明的变量会占用 8 字节内存空间。

代码第②行声明联合 Data 变量 data。

代码第③行给成员 no 赋值，其他成员就不能再用了，即使能读取数据，也没有实际意义。

代码第④行给成员 gender 赋值，会覆盖前面赋值给成员 no 的数据。

上述示例代码运行结果如下：

```
8
data.no:100
data.gender:d
data.no:70
data.gender:F
```

从运行结果可见，data 变量占用 8 字节内存空间，no 和 gender 成员被赋值后，其他成员数据被覆盖，其值没有实际意义。如果使用联合指针变量访问成员，则需要使用箭头运算符，示例代码如下：

```
//10.3-2 联合-2

#include <iostream>
using namespace std;

//定义联合 Data 的类型
union Data {
    int no;
    double salary;
    char gender;
};

int main() {
    // 声明联合 Data 变量 data
    union Data data1, data2;

    data1.no = 100;
    cout << "data.no:" << data1.no << endl;
    cout << "data.gender:" << data1.gender << endl;

    // 声明联合 Data 的指针变量 data_ptr
    Data * data_ptr = &data2;                                    ①

    data_ptr->gender = 'F';                                      ②
    cout << "data_ptr->gender:" << data_ptr->gender << endl;
    cout << "data_ptr->no:" << data_ptr->no << endl;

    return 0;
}
```

上述代码第①行声明联合 Data 的指针变量 data_ptr，代码第②行通过箭头运算符（—>）访问联合的成员。

上述示例代码运行结果如下：

```
data.no:100
```

```
data.gender:d
data_ptr->gender:F
data_ptr->no:-858993594
```

## 10.4 动手练一练

1. 选择题

下列哪些选项属于自定义数据类型?(　　　)

A. int　　　　　　　B. 结构体　　　　　　C. 联合　　　　　　D. 类

2. 判断题

(1) 枚举中的成员值默认从 1 开始,其他成员值依次加 1。(　　　)

(2) 联合是将不同类型的数据整合在一起的数据集合。(　　　)

(3) 结构体中的每个成员都有自己的独立内存空间。(　　　)

(4) 联合的各成员共享相同的内存空间,每次只能存储一个成员。(　　　)

(5) 一个联合变量的长度由其最长的成员长度决定。(　　　)

3. 编程题

设计一个 employee(员工)结构体类型,用来描述员工信息,要求包含员工编号、员工姓名等成员,然后声明两个 employee 结构体变量 emp1 和 emp2。

# 第 11 章

# 函　　数

程序中反复执行的代码可以封装到一个代码块中,这个代码块就是函数。本章讲解 C++中函数相关的内容。

## 11.1　函数概述

函数具有函数名、参数和返回值,如图 11-1 所示是 add()函数,它实现了两个整数相加,函数分为函数头和函数体两部分,其中函数头包括返回值类型、函数名和参数列表。

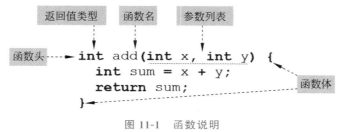

图 11-1　函数说明

## 11.2 定义函数

在调用函数前需要定义函数，定义函数的语法格式如下：

```
返回值类型 函数名(参数列表) {
    函数体
    return 返回值
}
```

说明如下：

（1）函数名是开发人员自定义的，应遵循标识符命名规范。

（2）在参数列表中有多个参数时，参数之间以逗号(,)分隔。

（3）函数体就是函数要执行的代码块。

（4）函数返回值类型用来说明函数返回数据的类型，如果函数没有返回值，则将返回值类型声明为 void。

（5）return 语句将函数的计算结果返回给调用者，如果函数没有返回值，则 return 语句可省略。

为了计算两个数值的加法运算，可以定义一个加法函数，然后反复调用该函数，示例代码如下：

```cpp
//11.2 定义函数

#include <iostream>
using namespace std;

// 定义加法函数
int add(int x, int y) {                         ①
    int sum = x + y;
    return sum;                                 ②
}

int main() {
    int sum;
    // 计算 1 + 1
    sum = add(1, 1);                            ③
    cout << "计算 1 + 1 = " << sum << endl;

    // 计算 1 + 2
    sum = add(1, 2);                            ④
    cout << "计算 1 + 2 = " << sum << endl;

    // 计算 88 + 99
    sum = add(88, 99);                          ⑤
    cout << "计算 88 + 99 = " << sum << endl;
}
```

上述代码第①行定义加法函数 add()。该函数有 int 类型的参数 x 和 y,这两个参数在调用时会被实际的数值替代,因此被称为形式参数(简称形参);返回值也是 int 类型。

代码第②行通过 return 语句返回函数计算结果。

代码第③、④、⑤行分别调用 add()函数,传递两个实际参数(简称实参)。

上述代码执行结果如下:

```
计算 1 + 1 = 2
计算 1 + 2 = 3
计算 88 + 99 = 187
```

## 11.3 声明函数

函数在调用之前要先声明,函数声明指告诉编译器函数名,以及如何调用该函数。事实上,函数头部分就用于声明函数。

### 11.3.1 未声明函数的编译错误

如果将 11.2 节代码示例中的 add(int x, int y)函数挪到 main()函数后面,则代码如下:

微课视频

```cpp
// 11.3.1 未声明函数的编译错误

#include <iostream>
using namespace std;

int main() {
    int sum;
    // 计算 1 + 1
    sum = add(1, 1);
    cout << "计算 1 + 1 = " << sum << endl;

    // 计算 1 + 2
    sum = add(1, 2);
    cout << "计算 1 + 2 = " << sum << endl;

    // 计算 88 + 99
    sum = add(88, 99);
    cout << "计算 88 + 99 = " << sum << endl;
}


// 定义加法函数
int add(int x, int y) {                    ①
    int sum = x + y;
    return sum;
}
```

上述代码第①行是在调用之后定义的函数,故会发生如图 11-2 所示的编译错误。

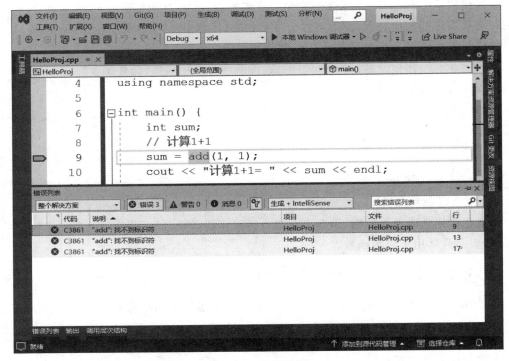

图 11-2　编译错误

微课视频

### 11.3.2　在同一个文件中声明函数

事实上函数头就是对函数的声明，这也是 11.2 节的示例没有发生编译错误的原因。函数头和函数体可以分离，函数头就函数声明可以与调用函数的语句放到同一个文件中，也可以分开成两个文件。本节先介绍在同一个文件中声明函数。

示例代码如下：

//11.3.2 在同一个文件中声明函数

```cpp
#include <iostream>
#include <string>
using namespace std;


// 声明函数
int add(int x, int y);                              ①

int main() {
    int sum;
    // 计算 1 + 1
    sum = add(1, 1);
    cout << "计算 1 + 1 = " << sum << endl;
```

```
    // 计算 1 + 2
    sum = add(1, 2);
    cout << "计算 1 + 2 = " << sum << endl;

    // 计算 88 + 99
    sum = add(88, 99);
    cout << "计算 88 + 99 = " << sum << endl;
}

// 定义加法函数
int add( int x, int y) {                                ②
    int result = x + y;
    return result;
}
```

上述代码第①行使用函数头声明函数。声明函数时,函数的参数名并不重要,可以省略参数名,省略参数名后声明 add()函数的语句如下:

```
int add( int, int);
```

上述代码第②行定义加法函数。

## 11.3.3　在头文件中声明函数

事实上,可以将在源文件(.cpp)中声明函数的代码挪到头文件(.h)中,实现函数声明与定义的分离。

下面将代码分成两个文件,一个是头文件(11.3.3.h),另一个是源文件(11.3.3.cpp)。头文件的代码如下:

```
//头文件 ch11\header_file\11.3.3.h                      ①

// 声明函数
int add( int, int);
```

上述代码第①行在头文件 11.3.3.h 中声明 add()函数。

源文件的代码如下:

```
//11.3.3 在头文件中声明函数

# include < iostream >
# include < string >
// 采用相对路径包含头文件
# include "./header_file/11.3.3.h"                       ①
// 采用绝对路径包含头文件
// # include "E:\极简 C++: 新手编程之道\code\chapter11\header_file\11.3.3.h"  ②

using namespace std;

int main( ) {
```

```
        int sum;
        // 计算 1 + 1
        sum = add(1, 1);
        std::cout << "计算 1 + 1 = " << sum << std::endl;

        // 计算 1 + 2
        sum = add(1, 2);
        std::cout << "计算 1 + 2 = " << sum << std::endl;

        // 计算 88 + 99
        sum = add(88, 99);
        std::cout << "计算 88 + 99 = " << sum << std::endl;
}

// 定义加法函数
int add( int x, int y) {
        int result = x + y;
        return result;
}
```

上述代码第①行通过"♯ include"命令将头文件 11.3.3.h 包含到当前源文件中。注意：头文件位于当前目录的 header_file 目录下。

另外，包含头文件也可以采用绝对路径，见代码第②行注释调用的代码。读者可以尝试去掉这些注释，修改为自己的绝对路径。

### 11.3.4　包含头文件

读者可能会发现，包含头文件有两种语法格式。

（1）使用一对双引号（""）指定要包含的头文件，这是采用文件路径方式，可以使用相对路径也可以使用绝对路径。

（2）使用一对尖括号（<>）指定要包含的头文件，编译器会从 INCLUDE 环境变量指定的目录中搜索头文件。这种方式一般用于标准库（std）对应的头文件的处理。

## 11.4　函数参数的传递

在 C++ 中调用函数时，参数的传递有以下两种方式。

（1）按值传递：该方式会将参数复制出一个副本，然后将该副本传递给函数，在函数调用过程中即使改变了参数值，也不会影响参数的原始值。

（2）按引用传递：该方式会将参数的引用（地址）传递给函数，在函数调用过程中如果改变了参数值，将影响参数的原始值。

### 11.4.1　按值传递参数

按值传递参数示例代码如下：

微课视频

//11.4.1 按值传递参数

```
#include <iostream>
using namespace std;

// 定义函数
void change(int data) {                        ①
     // 在函数中改变 data 值
     data = 900;
}

int main() {
     int data = 800;

     cout << "调用前的 data: " << data << endl;
     change(data);
     cout << "调用后的 data: " << data << endl;
     return 0;
}
```

上述代码第①行中的 data 参数没有任何修饰，采用默认方式传递，也就是按值传递。
上述代码执行结果如下：

```
调用前的 data: 800
调用后的 data: 800
```

## 11.4.2 按引用传递参数

按引用传递参数示例代码如下：

//11.4.2 按引用传递参数

微课视频

```
#include <iostream>
using namespace std;

// 定义函数
void change(int &data) {                       ①
     // 在函数中改变 data 值
     data = 900;
}

int main() {
     int data = 800;

     cout << "调用前的 data: " << data << endl;
     change(data);
     cout << "调用后的 data: " << data << endl;
     return 0;
}
```

上述代码第①行中的 data 参数前加 & 符号修饰，表明该参数采用的是按引用传递的方式。

上述代码执行结果如下：

```
调用前的 data: 800
调用后的 data: 900
```

从运行结果可见，函数调用前后 data 的数值变化了。

### 11.4.3 示例：实现数据交换函数

微课视频

下面通过一个示例熟悉一下按引用传递参数，该示例实现了两个数据交换，示例代码如下：

```
//11.4.3 示例：通过数据交互函数实现

#include <iostream>
#include <string>
using namespace std;

void swap(int &a, int &b) {            ①
    int temp;                          ②
    temp = a;                          ③
    a = b;                             ④
    b = temp;                          ⑤
}

int main() {

    int x = 500, y = 100;

    cout << "交换前 x = " << x << ", y = " << y << endl;
    swap(x, y);
    cout << "交换后 x = " << x << ", y = " << y << endl;
}
```

上述代码第①行定义数据交互函数，参数 a 和 b 都按引用传递。

代码第②行声明一个临时变量，用于临时保存交换过程中的数据。

代码第③行暂时将 a 数据保存到临时变量 temp 中，防止 a 数据被覆盖。

代码第④行将 b 数据保存到变量 a 中。

代码第⑤行将临时变量 temp 中的数据（原保存于变量 a 中）保存到变量 b 中，实现数据的交换。

上述代码执行结果如下：

```
交换前 x = 500, y = 100
交换后 x = 100, y = 500
```

## 11.5 参数默认值

在声明函数时可以为参数设置一个默认值,调用函数时可以省略该参数。
示例代码如下。

```
//11.5 参数默认值

# include < iostream >
# include < string >
using namespace std;

string makeCoffee(string type = "卡布奇诺") {        ①
    return "制作一杯" + type + "咖啡.";              ②
}

int main() {
    // 声明两个变量字符串
    string coffee1, coffee2;

    // 带传递参数调用 makeCoffee()函数
    coffee1 = makeCoffee("拿铁");                     ③
    // 省略传递参数调用 makeCoffee()函数
    coffee2 = makeCoffee();;                          ④

    cout << coffee1 << endl;
    cout << coffee2 << endl;
    return 0;
}
```

上述代码第①行定义 makeCoffee()函数,其中 type 是参数,通过"="为参数提供默认值。

代码第②行拼接一个字符串并通过 return 语句返回。

代码第③行带传递参数"拿铁"调用 makeCoffee()函数。

代码第④行省略传递参数调用 makeCoffee()函数,则会采用参数默认值。

上述代码执行结果如下:

```
制作一杯拿铁咖啡。
制作一杯卡布奇诺咖啡。
```

## 11.6 函数重载

C++还支持函数重载,函数重载的特点如下:

(1) 函数名相同。

(2) 参数列表(包括参数类型或参数的个数)不同。

示例代码如下：

```
//11.6 函数重载

#include <iostream>
#include <string>
using namespace std;

// 声明 4 个函数,它们的函数名相同,参数列表不同
int add(int x, int y);                                              ①
double add(double x, double y);                                    ②
float add(float x, float y);                                       ③
int add(int x);                                                    ④

int main() {
    cout << "调用 add(int x, int y)函数: " << add(1, 1) << endl;        ⑤
    cout << "调用 add(double x, double y)函数: " << add(1.0, 1.0) << endl;  ⑥
    cout << "调用 add(float x, float y)函数: " << add(1.0f, 1.0F) << endl;  ⑦
    cout << "调用 add(int x)函数: " << add(10) << endl;                ⑧
    return 0;
}

// 定义函数
int add(int x, int y) {
    return x + y;
}

double add(double x, double y) {
    return x + y;
}

float add(float x, float y) {
    return x + y;
}

int add(int x) {
    return ++x;
}
```

上述代码第①行声明 add()函数有两个 int 类型的参数。
代码第②行声明 add()函数有两个 double 类型的参数。
代码第③行声明 add()函数有两个 float 类型的参数。
代码第④行声明 add()函数,该函数只有一个参数。
代码第⑤行调用代码第①行的 add()函数。
代码第⑥行调用代码第②行的 add()函数。
代码第⑦行调用代码第③行的 add()函数。
代码第⑧行调用代码第④行的 add()函数。

上述代码运行结果如下：

调用 add(int x, int y)函数：2
调用 add(double x, double y)函数：2
调用 add(float x, float y)函数：2
调用 add(int x)函数：11

## 11.7 动手练一练

1. 选择题

（1）在下列选项中有哪些正确声明了两个整数相加的函数？（　　）

    A. int add(x, y)　　　　　　　　　B. int add(int a, int b)

    C. int add(int x, int y)　　　　　　D. int add(int, int)

（2）在 C++中，什么是函数的返回类型？（　　）

    A. 函数的参数　　　　　　　　　　B. 函数的名称

    C. 函数的返回值　　　　　　　　　D. 函数的数据类型

（3）在 C++中，什么是函数的参数？（　　）

    A. 函数的返回值　　B. 函数的名称　　C. 函数的输入　　D. 函数的输出

（4）在 C++中，如何使用默认参数定义函数？（　　）

    A. 在函数的定义中指定默认参数值

    B. 在函数的声明中指定默认参数值

    C. 在函数的调用中指定默认参数值

    D. 默认参数不能用于函数定义

2. 判断题

（1）在调用函数时，如果参数按值传递，则会将参数复制出一个副本，然后将副本传递给函数，在函数调用过程中即使改变参数的值，也不会影响参数的原始值。（　　）

（2）在调用函数时，如果参数按引用传递，则会将参数的引用（地址）传递给函数，在函数调用过程中如果改变参数值，将会影响参数的原始值。（　　）

3. 编程题

（1）编写 getArea()函数计算矩形的面积，然后从控制台输入矩形的高和宽测试 getArea()函数。

（2）编写 isEquals()函数比较两个数字是否相等，然后从控制台输入两个数字测试 isEquals()函数。

第 12 章

# 面 向 对 象

C++最主要的特征之一就是面向对象,如果 C++没有面向对象的特征,那它就和 C 语言无异。本章讲解 C++面向对象相关知识。

## 12.1 面向对象简介

面向对象是一种流行的程序设计方法,其基本思想是使用对象、类、继承、封装等基本概念进行程序设计。

### 12.1.1 什么是类和对象

对象是系统中的实体,一个对象由属性和对属性进行操作的方法组成。狗是一个类,它有属性(体重、身高和喜欢吃的食物)和方法(跑、玩和吃),而球球是我家的一只狗,那么球球就是狗类的个体,称为对象或实例。

## 12.1.2　面向对象的基本特征

面向对象有三大基本特征。

（1）封装性：指把对象的内部细节隐藏起来，对外提供一个简单的接口。例如，一台电视机的内部结构极其复杂，但是一般人不需要了解这些细节，所以可以把电视机内部隐藏起来，为用户提供一个遥控器，用户只需使用遥控器就可以操作电视机。

（2）继承性：为了复用代码，在继承性中，子类继承父类，父类是一般类，子类是特殊类。子类可以继承父类的属性和方法。例如，动物是一般类，它是父类，而狗是特殊类，是子类，狗类继承了动物类的属性，如体重、身高等，也继承了动物类的方法，比如吃、跑等。

（3）多态性：指在子类继承父类后，可以具有自己的属性和方法。例如，狗类在继承动物类后，还有自己的属性和方法，如"汪汪"叫；而猫类在继承了动物类后是"喵喵"叫。

# 12.2　类的声明与定义

编写自己的类的过程与编写函数类似，分为定义和声明。类的定义和声明也可以拆分为两个文件。

## 12.2.1　定义类

在定义类时需要指定类名，以及在类中包含哪些成员（成员变量和成员函数）。

定义类示例代码如下：

微课视频

```
//12.2.1 定义类

#include <iostream>

using namespace std;

//定义 Dog 类
class Dog {                                    ①
    // 声明成员变量
    public:                                    ②
        string name;      //姓名               ③
        int age;          //年龄
        char gender;      //性别,'M'表示雄性,'F'表示雌性  ④

    // 声明成员函数
    void run() {                               ⑤
        cout << name + "在跑..." << endl;
    }

    void speak(string sound) {                 ⑥
        cout << name + "在叫..." + sound << endl;
    }
```

```
    };

    int main() {
        //声明 Dog 类型变量 dog
        Dog dog;                                    ⑦

        dog.name = "球球";                          ⑧
        dog.age = 5;
        dog.gender = 'F';
        dog.run();                                  ⑨
        dog.speak("汪!汪!");

        return 0;
    };
```

上述代码第①行使用 class 关键字定义 Dog 类，类名应遵守 C++标识符命名规范。

代码第②行声明后面的成员（成员变量和成员函数）是公有的。

代码第③～④行声明成员变量。

代码第⑤行和第⑥行声明成员变量函数。

代码第⑦行声明 Dog 类型变量 dog，在这个过程中会创建 dog 对象，并开辟内存空间。

代码第⑧行通过点运算符(.)访问 dog 对象的成员变量。

代码第⑨行通过点运算符(.)调用 dog 对象的成员函数。

上述示例代码运行结果如下：

球球在跑...
球球在叫...汪!汪!

---

💡提示　从面向对象的角度出发，将成员函数称为方法更好一些，本书统称其为成员函数。

---

微课视频

## 12.2.2　声明类

可以将代码分成两个文件：一个是头文件；另一个是源文件。对类的声明可放到头文件中。

声明类的头文件代码如下：

```
//头文件 ch12\header_file\12.2.2.h
#include <string>
using namespace std;

//声明 Dog 类
class Dog
{
public:
    // 声明成员变量
```

```
    string name;        //姓名                          ①
    int age;            //年龄
    char gender;        //性别,'M'表示雄性,'F'表示雌性   ②

    // 声明成员函数
    void run();                                          ③
    void speak(string sound);                            ④
};
```

上述代码第①~②行在头文件中声明成员变量。

代码第③行和第④行在头文件中声明成员函数。注意:这里只有函数头,没有函数体。

声明类的源文件代码如下:

```
//12.2.2 声明类

# include < iostream >
# include < string >
# include "./header_file/12.2.2.h"                       ①

using namespace std;


// 定义函数
void Dog::run() {                                        ②
    cout << name + "在跑..." << endl;
}

// 定义函数
void Dog::speak(string sound) {                          ③
    cout << name + "在叫..." + sound << endl;
}

int main() {
    //声明 Dog 类型变量 dog
    Dog dog;

    dog.name = "球球";
    dog.age = 5;
    dog.gender = 'F';
    dog.run();
    dog.speak("汪!汪!");

    return 0;
};
```

上述代码第①行通过"# include"命令将头文件 3.2.2.h 包含到当前源文件中。

代码第②行和第③行是定义函数,其中提供了函数体的具体实现,指定函数时要在前面加上前缀"Dog::"。

对类的声明和定义总结如下:

（1）编写类时，对类的声明和定义可以在同一个文件中实现，也可在两个不同的文件中实现。

（2）一般将对类的声明放到头文件（.h）中，将对类的定义放到源文件（.cpp）中。

（3）在头文件中声明类的名称，以及类所包含的成员，主要的成员函数没有函数体。

（4）在源文件中提供类的定义，即类的实现，其中要为在头文件中声明的函数头提供具体的实现，即提供函数体部分。

## 12.3 构造函数

在建立一个对象时，常常需要做某些初始化工作，例如对成员变量赋初值。如果一个成员变量未被赋值，则它的值是不可预知的。初始化成员变量在构造函数中实现。

对构造函数的说明如下：

（1）构造函数是一种特殊的成员函数，是用来初始化对象的。

（2）构造函数必须与类同名，不能由用户任意命名。

（3）构造函数不返回任何值。

（4）构造函数不需要用户调用，在创建对象时系统会自动调用它。

### 12.3.1 声明和定义构造函数

微课视频

构造函数与其他成员函数一样，需要声明和定义，声明构造函数可以在头文件中实现，而定义构造函数需要在源文件中实现。

声明构造函数的头文件代码如下：

```
//头文件 ch12\header_file\12.3.1.h
#include <string>
using namespace std;

//声明 Dog 类
class Dog {
    public:
        // 声明成员变量
        string name;        //姓名
        int age;            //年龄
        char gender;        //性别,'M'表示雄性,'F'表示雌性

        //声明构造函数
        Dog( int page, string pname, char pgender);          ①

        // 声明成员函数
        void run();
        void speak(string sound);
};
```

上述代码第①行在头文件中声明构造函数。

定义构造函数文件的源代码如下：

```cpp
//12.3 构造函数

# include < iostream >
# include < string >
# include "./header_file/12.3.1.h"

using namespace std;

int main() {
//声明 Dog 类型的变量 dog
    Dog dog = Dog(5, "球球", 'F');

    dog.run();
    dog.speak("汪!汪!");
    return 0;
};

//定义构造函数
Dog::Dog(int page, string pname, char pgender) {          ①
    age = page;
    name = pname;
    gender = pgender;
};

// 定义函数
void Dog::run() {
    cout << name + "在跑..." << endl;
}

void Dog::speak(string sound) {
    cout << name + "在叫..." + sound << endl;
}
```

上述代码第①行定义构造函数。

## 12.3.2 构造函数的重载

构造函数可以有多个，它们的方法名相同，但是参数列表不同，所以它们是重载的。
构造函数的重载头文件的代码如下：

微课视频

```cpp
//头文件 ch12\header_file\12.3.2.h
# include < string >
using namespace std;

//声明 Dog 类
class Dog {
    public:
        // 声明成员变量
```

```
    string name;        //姓名
    int age;            //年龄
    char gender;        //性别,'M'表示雄性,'F'表示雌性

    //声明构造函数
    Dog(int page, string pname, char pgender);       ①
    Dog(int page, string pname);
    Dog(string pname);
    Dog();                                            ②

    // 声明成员函数
    void run();
    void speak(string sound);
};
```

上述代码第①～②行声明了 4 个构造函数,它们有不同的参数,是重载的。
构造函数的重载源文件的代码如下:

```
//12.3.2 构造函数的重载

# include < iostream >
# include "./header_file/12.3.2.h"

using namespace std;

int main() {
    //声明 Dog 类型变量 dog1
    Dog dog1 = Dog(5, "大黄", 'F');                   ①

    dog1.run();
    dog1.speak("汪!汪!");

    //声明 Dog 类型变量 dog1
    Dog dog2 = Dog("小黑");                           ②

    dog2.run();
    dog2.speak("汪!汪!");

    //声明 Dog 类型变量 dog3
    Dog dog3 = Dog();                                 ③

    dog3.run();
    dog3.speak("汪!汪!");

    return 0;
};

//定义构造函数
Dog::Dog(int page, string pname, char pgender) {      ④
    age = page;
```

```
        name = pname;
        gender = pgender;
    };

    Dog::Dog(int page, string pname) {
        age = page;
        name = pname;
        gender = 'M';
    };

    Dog::Dog(string pname) {
        age = 0;
        name = pname;
        gender = 'M';
    };

    Dog::Dog() {
        age = 0;
        name = "球球";
        gender = 'M';
    };

    // 定义函数
    void Dog::speak(string sound) {
        cout << name + "在叫..." + sound << endl;
    }

    void Dog::run() {
        cout << name + "在跑..." << endl;
    }
```

上述代码第①行创建 dog1 对象,系统会开辟内存空间,自动调用具有 4 个参数的构造函数,并初始化成员变量。

代码第②行使用有一个参数的构造函数初始化对象 dog2。

代码第③行使用无参数的构造函数初始化对象 dog3。

代码第④行使用定义构造函数,提供函数体实现。其他 3 个构造函数也需要定义,这里不做赘述。

## 12.4　析构函数

微课视频

在销毁对象时,如关闭文件、断开数据网络连接等,如果需要释放该对象占用的资源,则可以使用析构函数。

析构函数说明如下:

(1) 析构函数是一种特殊的成员函数,在对象的生命周期结束时,系统会自动调用该函数。

（2）析构函数的作用并不是删除对象，而是在撤销对象所占用的内存之前完成一些清理工作。

（3）析构函数的名称是类名的前面加一个"～"符号。

（4）析构函数不返回任何值，没有任何返回值的类型，也没有参数。

（5）析构函数不能被重载。一个类可以有多个构造函数，但只能有一个析构函数。

析构函数头文件示例代码如下：

```
//头文件 ch12\header_file\12.4.h
using namespace std;

//声明 Dog 类
class Dog {
    public:
        // 声明成员变量
        string name;        //姓名
        int age;            //年龄
        char gender;        //性别,'M'表示雄性,'F'表示雌性

        //声明构造函数
        Dog(int page, string pname, char pgender);
        Dog(int page, string pname);
        Dog(string pname);
        Dog();

        //声明析构函数
        ~Dog();             ①

        // 声明成员函数
        void run();
        void speak(string sound);
};
```

上述代码第①行声明析构函数。

析构函数源文件的代码如下：

```
//12.4 析构函数

# include < iostream >
# include < string >
# include "./header_file/12.4.h"

using namespace std;

int main() {
    //声明 Dog 类型变量 dog1
    Dog dog1 = Dog(5, "大黄", 'F');

    dog1.run();
    dog1.speak("汪!汪!");
```

```
        return 0;
};

//定义构造函数
Dog::Dog(int page, string pname, char pgender) {
        age = page;
        name = pname;
        gender = pgender;
};

//定义析构函数
Dog::~Dog() {                                                         ①
        cout << name << "->对象销毁,在此释放资源..." << endl;
};

Dog::Dog(int page, string pname) {
        age = page;
        name = pname;
        gender = 'M';
};

Dog::Dog(string pname) {
        age = 0;
        name = pname;
        gender = 'M';
};

Dog::Dog() {
        age = 0;
        name = "球球";
        gender = 'M';
};

// 定义函数
void Dog::speak(string sound) {
        cout << name + "在叫..." + sound << endl;
}

void Dog::run() {
        cout << name + "在跑..." << endl;
}
```

上述代码第①行定义析构函数。

上述示例代码运行结果如下：

```
大黄在跑...
大黄在叫...汪!汪!
大黄->对象销毁,在此释放资源...
```

## 12.5 对象指针

在 C++ 中不仅一般数据类型可以有指针类型，对象也可以有指针类型，且对象指针非常常用。

### 12.5.1 通过对象指针访问成员

与结构体指针类似，对象指针在访问其成员时，要使用箭头运算符（一>）。

使用对象指针示例如下。

头文件的代码如下：

```
//头文件 ch12\header_file\12.5.1.h

using namespace std;

//声明 Dog 类
class Dog {
    public:
        // 声明成员变量
        string name;      //姓名
        int age;          //年龄
        char gender;      //性别,'M'表示雄性,'F'表示雌性

        // 构造函数
        Dog( int page, string pname, char pgender);

        // 声明成员函数
        void run();
        void speak(string sound);
};
```

源文件的代码如下：

```
//12.5.1 通过对象指针访问成员

# include < iostream >
# include "./header_file/12.5.1.h"

using namespace std;

int main() {
    //创建 dog 对象,
    Dog dog = Dog(5, "球球", 'F');          ①

    //声明 Dog 指针类型变量 dog_ptr
    Dog * dog_ptr = &dog;
```

```
        dog_ptr->run();                              ②
        dog_ptr->name = "小黑";                       ③
        dog_ptr->speak("汪!汪!");

        return 0;
};

//定义构造函数
Dog::Dog(int page, string pname, char pgender) {
        age = page;
        name = pname;
        gender = pgender;
};

// 定义函数
void Dog::run() {
        cout << name + "在跑..." << endl;
}

// 定义函数
void Dog::speak(string sound) {
        cout << name + "在叫..." + sound << endl;
}
```

上述代码第①行声明并创建 dog 对象,调用 3 个参数的构造函数初始化 dog 对象。
代码第②行通过箭头运算符(->)调用成员函数。
代码第③行通过箭头运算符(->)调用成员变量。
上述示例代码运行结果如下:

球球在跑...
小黑在叫...汪!汪!

## 12.5.2　成员变量与参数命名冲突

微课视频

当一个类中的成员变量名与局部变量名相同时,会引发冲突,示例代码如下。
头文件的代码如下:

```
//头文件 ch12\header_file\12.3.1.h
# include <string>
using namespace std;

//声明 Dog 类
class Dog {
        public:
                // 声明成员变量
                string name;        //姓名
                int age;            //年龄
                char gender;        //性别,'M'表示雄性,'F'表示雌性
```

```
        //声明构造函数
        Dog(int page, string pname, char pgender);

        // 声明成员函数
        void run();
        void speak(string sound);
};
```

源文件的代码如下：

```
//12.5.2 成员变量与参数命名冲突

# include < iostream >
# include < string >
# include "./header_file/12.3.1.h"

using namespace std;

int main() {
        //创建 dog 对象,
        Dog dog = Dog(5, "大黄", 'F');

        //声明 Dog 指针类型变量 dog_ptr
        Dog * dog_ptr = &dog;

        dog_ptr - > run();
        dog_ptr - > speak("汪!汪!");

        return 0;
};

//定义构造函数
Dog::Dog(int age, string name, char gender) {          ①
        // 成员变量与参数命名冲突
        age = age;                                     ②
        name = name;
        gender = gender;                               ③
};

// 定义函数
void Dog::run() {
        cout << name + "在跑..." << endl;
}

// 定义函数
void Dog::speak(string sound) {
        cout << name + "在叫..." + sound << endl;
}
```

上述代码第①行是构造函数,函数的参数 age、name 和 gender 与成员变量 age、name 和 gender 发生命名冲突,所以代码第②～③行的赋值是无效的。

上述示例代码运行结果如下：

在跑…
在叫…汪!汪!

从运行结果可见，name 等成员变量没有被赋值。

### 12.5.3　this 指针

微课视频

当一个类中的成员变量名与局部变量名相同时，会引发冲突，为了解决这个冲突，可以使用 this 指针。在使用 this 指针访问当前对象的成员时也使用箭头运算符（—>）。

使用 this 指针示例代码如下：

```cpp
//12.5.3 this 指针

# include < iostream >
# include < string >
# include "./header_file/12.3.1.h"

using namespace std;

int main() {
    //创建 dog 对象,
    Dog dog = Dog(5, "大黄", 'F');

    //声明 Dog 指针类型变量 dog_ptr
    Dog * dog_ptr = &dog;

    dog_ptr -> run();
    dog_ptr -> speak("汪!汪!");

    return 0;
};

//定义构造函数
Dog::Dog(int age, string name, char gender) {
    this -> age = age;                              ①
    this -> name = name;
    this -> gender = gender;                        ②
};

// 定义函数
void Dog::run() {
    cout << this -> name + "在跑..." << endl;        ③
}

// 定义函数
void Dog::speak(string sound) {
    cout << this -> name + "在叫..." + sound << endl; ④
    // 调用 run()函数
```

```
        this -> run();
    }
```

上述代码第①～②行通过 this 指针访问 age 成员变量。

代码第③行和第④行通过 this 指针访问成员变量 name。

上述代码第①行是构造函数,函数的参数 age、name 和 gender 与成员变量 age、name 和 gender 发生命名冲突,所以代码第②～③行的赋值是无效的。

上述示例代码运行结果如下：

```
大黄在跑…
大黄在叫…汪!汪!
大黄在跑…
```

微课视频

## 12.6  对象的动态创建与销毁

如果不再使用对象,则应该马上销毁它并释放内存。在 C++中可以使用 new 运算符动态建立对象,用 delete 运算符销毁对象,这样可以提高内存的利用率。

示例代码如下。

头文件的代码如下：

```
//头文件 ch12\header_file\12.6.h
using namespace std;

//声明 Dog 类
class Dog {
    public:
        // 声明成员变量
        string name;        //姓名
        int age;            //年龄
        char gender;        //性别,'M'表示雄性,'F'表示雌性

        // 声明构造函数
        Dog( int page, string pname, char pgender);

        // 声明析构函数
        ~Dog();

        // 声明成员函数
        void run();
        void speak(string sound);
};
```

源文件的代码如下：

```
//12.6 对象的动态创建与销毁

# include < iostream >
```

```
# include < string >
# include "./header_file/12.6.h"

using namespace std;

int main() {
      //创建 dog 对象
      Dog * dog = new Dog(5, "大黄", 'F');                    ①

      dog -> run();
      dog -> speak("汪!汪!");
      // 销毁对象
      delete dog;                                              ②

      return 0;
};

//定义构造函数
Dog::Dog(int age, string name, char gender) {
      this -> age = age;
      this -> name = name;
      this -> gender = gender;
};

//定义析构函数
Dog::~Dog() {
      cout << this -> name << "!对象销毁." << endl;
};

// 定义函数
void Dog::run() {
      cout << this -> name + "在跑..." << endl;
}

// 定义函数
void Dog::speak(string sound) {
      cout << this -> name + "在叫..." + sound << endl;
}
```

上述代码第①行由于 new 运算符返回的是所创建对象的内存地址,所以 dog 只能是指针类型,通过 new 运算符创建为对象,它会为对象开辟内存空间,系统会自动调用构造函数初始化对象成员变量。注意:new 运算符并没有调用构造函数,只是开辟内存空间,并返回内存空间的地址。

上述代码第②行不再使用 dog 对象时,可以通过 delete 运算符销毁 dog 对象,在销毁对象时会调用析构函数。

上述示例代码运行结果如下:

大黄在跑...

大黄在叫...汪!汪!
大黄!对象销毁。

从运行结果可见,析构函数被调用了。

## 12.7 静态成员

静态成员是隶属于类中的成员,可以理解为类的所有对象共享的成员。静态成员分为静态成员变量和静态成员函数。

### 12.7.1 静态成员变量

微课视频

静态成员变量是一个类中所有对象共享的变量,例如,张三的银行账号信息与李四的银行账户信息不同,张三的账户余额是 1000 元,李四的账户余额是 2000 元,但是他们享受的利率是相同的、共享的,这种共享的数据就被称为静态成员变量。

用于声明静态成员变量的关键字是 static,示例代码如下:

```cpp
//12.7.1 静态成员变量

#include <iostream>
using namespace std;

class Account {                                     ①
    double amount;           // 账户余额              ②
    string owner;            //账户名               ③
public:
    // 声明静态成员变量
    static double interestRate;   //利率              ④
    // 定义构造函数
    Account(double amount, string owner) {
      this->amount = amount;
      this->owner = owner;
    }
};

// 初始化静态成员变量
double Account::interestRate = 0.589;               ⑤

int main() {
    Account account1 = Account(1000, "张三");
    Account account2 = Account(2000, "李四");
    // 通过类名 Account 访问静态成员变量
    double rate1 = Account::interestRate;            ⑥
    // 通过对象访问静态成员变量
    double rate2 = account1.interestRate;            ⑦
    double rate3 = account2.interestRate;            ⑧
```

```
        cout << " rate1 = " << rate1 << endl;
        cout << " rate2 = " << rate2 << endl;
        cout << " rate3 = " << rate3 << endl;

        return 0;
}
```

上述代码第①行定义银行账户 Account 类。

代码第②行声明实例成员变量,对于每个对象,该变量都是不同的。

代码第③行声明实例成员变量,同 amount。

代码第④行通过 static 关键字声明静态成员变量 interestRate。

代码第⑤行初始化静态成员变量,可以通过类名+":"运算符访问该变量。注意:初始化静态成员变量必须在类体之外进行。

代码第⑥行通过类名 Account 访问静态成员变量。

代码第⑦行通过对象 account1 访问静态成员变量。

代码第⑧行通过对象 account2 访问静态成员变量。

可见静态成员变量可以通过类名+":"访问,也可以通过对象+"."访问。

上述示例代码运行结果如下:

```
rate1 = 0.589
rate2 = 0.589
rate3 = 0.589
```

## 12.7.2　静态成员函数

微课视频

静态成员函数通过 static 关键字定义,示例代码如下:

```
//12.7.2 静态成员函数

# include < iostream >
# include < string >

using namespace std;

class Account {
        double amount;              // 账户余额
        string owner;               //账户名
    public:
        // 声明静态成员变量
        static double interestRate;    //利率
        // 定义构造函数
        Account(double amount, string owner) {
            this -> amount = amount;
            this -> owner = owner;
        }

        // 定义静态成员函数
```

```
            static double getInterestRate() {                    ①
                return interestRate;
            }
    };

    // 初始化静态成员变量
    double Account::interestRate = 0.589;

    int main() {
        Account account1 = Account(1000, "张三");
        Account account2 = Account(2000, "李四");
        double rate1 = Account::interestRate;
        double rate2 = Account::getInterestRate();              ②
        // 改变静态成员变量
        Account::interestRate++;
        double rate3 = account1.getInterestRate();              ③

        cout << " rate1 = " << rate1 << endl;
        cout << " rate2 = " << rate2 << endl;
        cout << " rate3 = " << rate3 << endl;

        return 0;
    }
```

上述代码第①行定义静态成员函数。

代码第②行通过类名访问静态成员函数，访问方式与访问静态成员变量类似。

代码第③行通过对象类名 account1 访问静态成员函数，访问方式与访问静态成员变量类似。

上述示例代码运行结果如下：

```
rate1 = 0.589
rate2 = 0.589
rate3 = 1.589
```

# 12.8 封装性

封装性是面向对象的三大特性之一，本节介绍封装性。

## 12.8.1 封装性的设计规范

面向对象设计的主要方法就是对类进行封装。封装类的设计规范如下：

（1）类的数据成员应该隐藏起来，在类的外部不能访问。如果没有特殊的理由，类的成员变量应该被定义为私有的。

（2）要想在类的外部访问类的数据成员，应该通过公有函数访问。

## 12.8.2　C++中封装性的实现

C++中的封装性是通过访问限定符(public、private 和 protected)实现的,如果在类的定义中既不指定 private,也不指定 public,则系统默认为 private。访问限定符可以限定成员变量、成员函数、静态成员变量、静态成员函数和构造函数。

private、public 和 protected 的区别如下:

(1) private：私有的,它所限定的成员只能被其所在的类访问。

(2) public：公有的,它所限定的成员可以被所有类访问。

(3) protected：受保护的,它所限定的成员可以被它的所有子类继承。注意：继承也是另一种形式的访问。

在 C++中使用这些访问限定符的语法格式一般如下:

```
class 类名
{
private:
    私有的数据和成员函数;
public:
    公有的数据和成员函数;
protected:
    受保护的数据和成员函数;
};
```

封装性示例代码如下。

头文件的代码如下:

```
//头文件 ch12\header_file\12.8.2.h
#include <string>
using namespace std;

//声明类
class Student {
        int age;                                          ①

        public: //声明以下部分为公有的
        void display();                                   ②
        //声明构造函数
        Student(int age, string name, char gender);       ③

        private: //声明以下部分为私有的
        string name;                                      ④
        char gender;                                      ⑤
};
```

上述代码第①行声明 age 成员变量,由于没有声明任何访问限定符,所以该成员变量是私有的。

声明 public 访问限定符,后面的成员是公有的,直到下一个访问限定符,所以代码第②

行声明的 display()函数是公有的,代码第③行声明的构造函数也是公有的。

代码第④行声明的 name 成员变量和代码第⑤行声明的 gender 成员变量都是私有的。

源文件的代码如下:

```cpp
//12.8.2 C++中封装性的实现

# include < iostream >
# include < string >
# include "./header_file/12.8.2.h"

using namespace std;

void Student::display() {                                          ①
    cout << "年龄: " << this -> age << endl;
    cout << "姓名: " << this -> name << endl;
    cout << "性别: " << this -> gender << endl;
};

Student::Student(int age, string name, char gender) {             ②
    this -> age = age;
    this -> name = name;
    this -> gender = gender;
};

int main() {
    Student * stud1 = new Student(18, "Tom", 'M');
    stud1 -> display();
    cout << "年龄: " << stud1 -> age << endl;    // 发生编译错误   ③
    return 0;
}
```

上述代码第①行在类内部可以访问成员变量 age。

代码第②行在类内部可以访问成员变量 age。

代码第③行试图在类外部访问成员变量 age,发生编译错误。

注释掉代码第③行,运行结果如下:

```
年龄: 18
姓名: Tom
性别: M
```

微课视频

# 12.9 继承性

继承性可以使代码被有效地重复利用。例如 Person 类和 Student 类有很多相同的成员变量和成员函数,所以可以让 Student 类继承 Person 类。

## 12.9.1 C++中类的继承性的实现

下面通过一个示例介绍如何让 Student 类继承 Person 类。

示例代码如下：

```cpp
//12.9.1 C++中类的继承性的实现

# include < iostream >

using namespace std;

class Person {                                    ①
      private:
        int age;

      protected:
        char gender;                              ②
        void display() {                          ③
          this -> name = "张三";
          this -> age = 28;
          this -> gender = 'F';
          cout << "年龄: " << age << endl;
          cout << "姓名: " << name << endl;
        }

      public:
        string name;
};

class Student : Person {                          ④
      public:
        void show() {
          this -> display();                      ⑤
          cout << "性别: " << this -> gender << endl; ⑥
        }

      private:
        int sno;          // 学号
        string school;  // 学校
};

int main() {
      Student * stu = new Student();
      stu -> show();

      return 0;
}
```

上述代码第①行定义 Person 类。

代码第②行声明受保护的成员变量 gender。

代码第③行声明受保护的成员函数 display()。

代码第④行定义 Student 子类，它继承了 Person 类。注意，"："之后是父类。

代码第⑤行的 display() 函数是从父类继承而来。

代码第⑥行的 gender 成员变量是从父类继承而来。

上述示例代码运行结果如下：

```
年龄：28
姓名：张三
性别：F
```

## 12.9.2　调用父类构造函数

因为子类也有自己的成员变量，所以也需要构造函数初始化这些成员变量。但需要注意如下两点：

（1）对于父类成员变量，需要调用父类构造函数完成初始化。

（2）对于子类自己的成员变量，需要在子类自己的构造函数中完成初始化。

示例代码如下：

```cpp
//12.9.2 调用父类构造函数

#include <iostream>

using namespace std;

// 定义 Person
class Person {
    public:
        int age;
        string name;

        Person(string name, int age) {            ①
            this->name = name;
            this->age = age;
        };

    public:
        void display() {
            this->name = "张三";
            this->age = 28;
            cout << "年龄：" << age << endl;
            cout << "姓名：" << name << endl;
        }
};

// 定义 Student
class Student : public Person {            ②

        public:
            int sno;        // 学号
            string school; // 学校
```

```
        Student(string school, int sno, string name, int age) : Person(name, age) {    ③
            this -> sno = sno;                                                          ④
            this -> school = school;                                                    ⑤
        }
};

int main() {
        Student * stu = new Student("清华大学", 100, "Guan", 18);
        stu -> display();
        return 0;
}
```

上述代码第①行声明父类构造函数。

代码第②行声明 Student 类公有继承了 Person 类，Student 类可以访问 Person 类的公有和保护成员。

代码第③行声明子类构造函数，它有 4 个参数，冒号（:）后的 Person（name，age）用于声明调用父类构造函数。

代码第④行初始化子类自己的成员变量 sno。

代码第⑤行初始化子类自己的成员变量 school。

上述示例代码运行结果如下：

```
年龄：28
姓名：张三
```

## 12.10 多态性

微课视频

多态性是指在父类中定义的成员函数被子类继承之后，可以有不同的表现形式，例如，几何图形有不同的表现形式，有矩形、椭圆形、三角形等多种形态。

示例代码如下：

```
//12.10 多态性

# include < iostream >
using namespace std;

class Shape {                                     ①
        public:
            void draw() {                         ②
                cout << "绘制图形?" << endl;
            }
};

class Ellipse : public Shape {                    ③
        public:
            void draw() {                         ④
                cout << "绘制椭圆形" << endl;
```

```
        }
    };

    class Triangle : public Shape {                          ⑤
        public:
            void draw() {                                    ⑥
              cout << "绘制三角形" << endl;
            }
    };

    int main() {
        Shape * g1, * g2;                                    ⑦
        g1 = new Ellipse();                                  ⑧
        g1 -> draw();

        g2 = new Triangle();                                 ⑨
        g2 -> draw();

        delete g1;
        delete g2;

        return 0;
    }
```

上述代码第①行定义几何图形类 Shape,代码第②行声明绘制几何图形函数。

代码第③行定义椭圆形类 Ellipse,代码第④行声明绘制几何图形函数。

代码第⑤行定义三角形类 Triangle,代码第⑥行声明绘制几何图形函数。

代码第⑦行声明两个 Shape 对象指针变量。

代码第⑧行创建 Ellipse 对象 g1,其类型是 Shape。

代码第⑨行创建 Triangle 对象 g2,其类型是 Shape。

上述示例运行结果如下：

绘制图形?
绘制图形?

由上述运行结果可见,g1 -> draw()语句和 g2 -> draw()语句事实上都调用了父类
Shape 的 draw()函数。

## 12.10.1　C++ 多态性的实现

微课视频

在示例"12.10 多态性"中,虽然两个子类都有自己的 draw()函数,但实际上调用的还
是父类的 draw()函数。这其实并未实现多态性,因为多态性要求父类的成员函数被子类继
承后,应该有不同的表现形式。要真正实现多态性,则需要在函数前加上 virtual 关键字。

示例代码如下：

//12.10.1 C++多态性的实现

```
# include < iostream >
# include < string >
using namespace std;

class Shape {
    public:
        virtual void draw() {                                   ①
          cout << "绘制图形?" << endl;
        }
};

class Ellipse : public Shape {
    public:
        void draw() {
          cout << "绘制椭圆形" << endl;
        }
};

class Triangle : public Shape {
    public:
        void draw() {
          cout << "绘制三角形" << endl;
        }
};
```

上述代码第①行使用 virtual 关键字声明 draw() 虚函数。虚函数是在子类中声明的特殊函数,可以通过父类对象的指针动态调用具体的实现函数。

上述示例代码运行结果如下:

```
绘制椭圆形
绘制三角形
```

由运行结果可见,调用的 draw() 函数是子类中的函数。

## 12. 10. 2　纯虚函数

微课视频

在 12.10.1 节的示例中,父类 Shape 中的虚函数 draw() 虽然有函数体,但是不会被调用。其实,可以将虚函数 draw() 声明为纯虚函数。纯虚函数是没有函数体的,不需要编写执行代码。

示例代码如下:

```
//12.10.2 纯虚函数

# include < iostream >
using namespace std;

class Shape {
      public:
// 声明纯虚函数
```

```
                    virtual void draw() = 0;                                    ①
        };

        class Ellipse : public Shape {
            public:
                void draw() {
                    cout << "绘制椭圆形" << endl;
                }
        };

        class Triangle : public Shape {
            public:
                void draw() {
                    cout << "绘制三角形" << endl;
                }
        };

        int main() {
            Shape * g1, * g2;
            g1 = new Ellipse();
            g1 -> draw();

            g2 = new Triangle();
            g2 -> draw();

            delete g1;
            delete g2;

            return 0;
        }

        };
```

上述代码第①行声明纯虚函数，它没有函数体，且设置函数值等于 0。
上述代码运行结果如下：

```
绘制椭圆形
绘制三角形
```

# 12.11　动手练一练

1. 选择题

(1) 假设有一个 Person 类，下列语句中哪些可以成功创建 Person 对象？（　　　）

    A. Person p1;　　　　　　　　　　B. Person() p1;

    C. Person p1 = Person();　　　　　　D. Person * p1 = new Person();

(2) 下列关键字中哪些能够起封装作用？（　　　）

    A. public　　　　　　B. private　　　　　　C. protected　　　　　D. this

（3）下列关键字中哪些表示自身对象？（ 　 ）

    A. self　　　　　　　B. this　　　　　　　C. This　　　　　　D. super

（4）下列语句中哪些声明了虚函数？（ 　 ）

    A. virtual void add()　　　　　　　　B. void add()

    C. virtual void add() = 0　　　　　　D. public void add()

（5）在 C++中，哪个关键字用于将函数定义为虚函数？（ 　 ）

    A. virtual　　　　　B. override　　　　　C. final　　　　　D. abstract

（6）在 C++中，哪个关键字用于将函数定义为纯虚函数？（ 　 ）

    A. virtual　　　　　B. override　　　　　C. final　　　　　D. pure virtual

2. 判断题

在 C++中可以使用 new 运算符动态建立对象，用 delete 运算符销毁对象。（ 　 ）

3. 编程题

请编写 Vehicle(车辆)类，要求用 show()函数显示车辆信息，用成员变量 maker 保存车辆制造商的信息，然后再编写车辆类的两个子类：Bus(公共汽车)和 Car(小汽车)。

# 第 13 章

# 模　　板

C++中的模板(Template)具体包括函数模板和类模板两种,使用模板可以最大限度地重用代码,保护类型的安全及提高性能。

## 13.1　函数模板

函数模板是一种通用的函数,可以在不知道实际参数类型的情况下定义它们。函数模板的语法格式类似于普通函数,但使用一个或多个类型参数作为函数的参数类型。

### 13.1.1　一个问题的思考

首先考虑一个问题:怎样声明一个函数判断两个参数是否相等?如果参数是 int 类型,则函数声明如下:

```
bool isEqualsInt(int a, int b) {
    return (a == b);
}
```

如果想比较两个字符串参数，则函数声明如下：

```
bool isEqualsStr(string a, string b) {
    return (a == b);
}
```

如果要比较很多数据类型的参数，是不是应该针对每种数据类型都声明一个函数？这很显然是不现实的，利用模板就可以解决这个问题。

## 13.1.2　声明函数模板

函数模板以 template 关键字开头，后跟模板参数（参数放到尖括号"<>"中），然后是函数的声明。声明函数的语法格式如下：

```
template < typename T >
T functionName(T parameter1, T parameter2, ...) {
    // code
}
```

声明函数模板示例代码如下：

```
//13.1.2 声明函数模板
# include < iostream >
# include < string >
using namespace std;

template < typename T >                              ①
bool isEquals(T a, T b) {                            ②
    return (a == b);
}

int main() {
    cout << isEquals < int >(1, 5) << endl;          //打印 0    ③
    cout << isEquals < string >("abc", "abc") << endl;//打印 1   ④
    return 0;
}
```

上述代码第①行中的 T 是函数类型参数，即该函数可以接受不同类型的参数，调用函数时 T 会被实际的类型替代。

代码第②行中声明了一个函数模板，其函数名为 isEquals，参数类型为 T a 和 T b，返回值类型为 bool，函数体判断两个参数是否相等。

代码第③行中的 isEquals < int >(1,5)语句是调用函数模板的示例，此时将类型参数 T 替换为 int 类型，即调用 isEquals 函数比较两个 int 类型的值 1 和 5，并返回结果 0（即不相等）。

代码第④行中的 isEquals < string >("abc"，"abc")语句是调用函数模板的另一个示例，此时将类型参数 T 替换为 string 类型，即调用 isEquals 函数比较两个 string 类型的值 "abc"和"abc"，并返回结果 1（即相等）。

> 💡**提示**　模板中的函数类型参数 T 可以是任何大写或小写的英文字母，一般情况下使用字母 T、E、K 和 U 等大写英文字母。

微课视频

## 13.2　类模板

类模板是一种创建类的蓝图，类似于函数模板，可以在定义类时定义一个或多个类型参数，这些类型参数在使用时会被具体的类型替代。通过使用类模板，可以为不同的类型提供相同的类定义，避免代码的重复编写。

### 13.2.1　声明类模板

类模板以 template 关键字开头，后跟模板参数（参数是放到尖括号"<>"中的），然后是类的声明。声明类模板的语法格式如下：

```
template < class T >
class className {
  private:
    T var;
    … .. …
  public:
    T functionName(T arg);
    … .. …
};
```

声明类模板示例代码如下：

```
//13.2.1 声明类模板

# include < iostream >
using namespace std;
template < class T >
class Calculator {                                    ①
private:
    T num1, num2;                                     ②

public:
    Calculator(T n1, T n2) {                          ③
        num1 = n1;
        num2 = n2;
    }

    T add() { return num1 + num2; }                   ④
};
```

上述代码第①行声明类模板 Calculator，它可以用来计算各种类型的数据。

代码第②行声明类的成员变量 num1 和 num2。

代码第③行声明类的成员是 Calculator 的构造函数。

代码第④行声明 add() 成员函数。

## 13.2.2 使用类模板

使用类模板与使用函数模板类似,需要将类型参数用实际类型代替,示例代码如下:

```
...
int main() {
    Calculator < int > intCalc(2, 1);                    ①
    Calculator < float > floatCalc(2.4f, 1.2f);          ②

    int result1 = intCalc.add();                         ③
    cout << result1 << endl;          //打印 3
    float result2 = floatCalc.add();                     ④
    cout << result2 << endl;          //打印 3.6

    return 0;
}
```

上述代码第①行创建基于 int 类型的 intCalc 对象。

代码第②行创建基于 float 类型的 floatCalc 对象。

代码第③行调用 intCalc 对象的 add() 函数进行计算。

代码第④行调用 floatCalc 对象的 add() 函数进行计算。

## 13.3 C++标准模板库

C++提供了很多函数模板和类模板,称为 C++标准模板库(Standard Template Library,STL),主要分为算法、容器、函数、迭代器等 4 部分。本节重点介绍容器部分中的 vector 和 map。

## 13.4 vector

vector 是一种动态数组,它是一种容器类型,可用于保存多项数据。vector 的长度是可变的,适合保存不确定数量的数据,如从数据库中查询到的数据(由于能够查询到多少符合条件的数据是未知的,所以保存这类数据应该使用 vector,而不是数组)。

### 13.4.1 动态初始化 vector

vector 在使用前必须先初始化,初始化分为动态初始化和静态初始化。本节先介绍动态初始化,它是通过 vector 类的构造函数实现的。最简单的初始化语法格式如下:

微课视频

```
vector < data_type > vector_name
```

尖括号(<…>)中的 data_type 是指定 vector 容器中能够保存的元素的数据类型。除了上述最简单的语法格式外,还可以在初始化的同时指定容器的大小和初始值。

```
vector < data_type > vector_name(size, initial value)
```

其中,参数 size 是指定容器的大小,initial_value 是初始值。

动态初始化 vector 示例代码如下:

```
//13.4.1 动态初始化 vector
# include < iostream >
# include < string >
# include < vector >                                                ①
using namespace std;

int main() {
      vector < string > vect1;              // 初始化 0 个元素的 vect1   ②

      vect1.push_back("刘备");
      vect1.push_back("关羽");
      vect1.push_back("张飞");

      cout << " ----- 遍历 vect1 ----- " << endl;

      for (string x : vect1)
        cout << x << endl;

      int n = 3;
      vector < int > vect2(n, 10);         // 初始化 3 个元素的 vect2   ③

      cout << " ----- 遍历 vect2 ----- " << endl;
      for (int x : vect2)
        cout << x << endl;

      return 0;
}
```

上述代码第①行包含头文件< vector >。

代码第②行声明 vect1 变量,它只能保存 string 类型的元素,元素个数为 0。

代码第③行声明 vect2 变量,它只能保存 int 类型的元素,元素个数为 3,每个元素初始值都是 10。

上述示例代码运行结果如下:

```
----- 遍历 vect1 -----
刘备
关羽
张飞
----- 遍历 vect2 -----
10
10
10
```

微课视频

## 13.4.2　静态初始化 vector

vector 静态初始化与数组的静态初始化类似,使用大括号中的内容表示初始化元素,元素之间以逗号分隔。以下是静态初始化 vector 的示例代码:

```
//13.4.2 静态初始化 vector

#include < iostream >
#include < string >
#include < vector >
using namespace std;

int main() {
    vector < int > vect1 {10, 20, 80} ; // 初始化 vect1          ①

    cout << " ----- 遍历 vect1 ----- " << endl;

    for (auto x : vect1)
      cout << x << endl;

    return 0;
}
```

上述代码第①行采用静态初始化方式初始化 vect1,并将其元素初始值分别设置为 10、20 和 80。

上述示例代码运行结果如下:

```
----- 遍历 vect1 -----
10
20
80
```

## 13.4.3　访问 vector 元素

微课视频

访问 vector 元素有两种方法:

(1) 可以通过中括号([])访问元素,这种访问元素的方式与数组类似,其中中括号内是元素索引。

(2) 可以通过 at() 函数访问,其中小括号内是元素索引。

访问 vector 元素示例代码如下:

```
//13.4.3 访问 vector 元素
#include < iostream >
#include < string >
#include < vector >
using namespace std;

int main() {
```

```
        vector < string > vect;

        vect. push_back("刘备");
        vect. push_back("关羽");
        vect. push_back("张飞");

        cout << vect.at(0) << endl;                        ①
        cout << vect.at(1) << endl;                        ②
        cout << vect[2] << endl;                           ③

        cout << " ----- 遍历 vect ----- " << endl;
        for ( int i = 0; i < vect.size(); i++) {           ④
          cout << vect[i] << endl;
        }

        return 0;
    }
```

上述代码第①行和第②行都是通过 at( ) 函数访问 vect 元素。代码第③行通过中括号访问 vect 元素。

上述代码第④行通过 C 语言风格 for 循环语句遍历 vect,其中 size( ) 函数可以获得 vect 的长度。

上述示例代码运行结果如下:

```
刘备
关羽
张飞
----- 遍历 vect -----
刘备
关羽
张飞
```

## 13.4.4  删除 vector 元素

微课视频

向量可以动态改变大小,因此可以追加和删除元素。向量追加元素是通过 push_back( ) 函数实现的,该函数已经在之前介绍过了,下面重点介绍如何删除 vector 元素。删除 vector 元素的函数是 pop_back( ),该函数会删除 vector 的最后一个元素。删除 vector 元素示例代码如下:

```
//13.4.4 删除 vector 元素

# include < iostream >
# include < string >
# include < vector >
using namespace std;

int main( ) {
    vector < string > vect{"刘备", "关羽", "张飞"};
```

```
        // 追加元素
        vect.push_back("赵云");                                    ①

        cout << "删除前: " << endl;
        for (auto x : vect) {
          cout << x + " ";
        }
        // 打印换行
        cout << endl;

        cout << "删除后: " << endl;
        // 删除元素"赵云"
        vect.pop_back();                                          ②
        for (auto x : vect) {
          cout << x + " ";
        }

        return 0;
}
```

上述代码第①行追加一个元素。

代码第②行删除最后一个元素，即"赵云"。

上述示例代码运行结果如下：

```
删除前:
刘备    关羽    张飞    赵云
删除后:
刘备    关羽    张飞
```

## 13.4.5 高维 vector

微课视频

数组有一维数组和高维数组之分，vector 也有一维和高维之分，下面重点讲解高维 vector 中的二维 vector。

示例代码如下：

```
//13.4.5 高维 vector

# include < iostream >
# include < string >
# include < vector >
using namespace std;

int main() {
    // 初始化二维 vector
    vector < vector < int >> vect{                               ①
      {1, 2, 3},
      {4, 5, 6},
      {7, 8, 9}};
```

```
// 遍历二维向量 vect
for (int i = 0; i < vect.size(); i++) {
  for (int j = 0; j < vect[i].size(); j++) {
    cout << vect[i][j] << "  ";
  }
  // 打印换行
  cout << endl;
}
return 0;
}
```

②

```
指定高维元素类型

vector<vector<int>> vect{
  {1, 2, 3},
  {4, 5, 6},
  {7, 8, 9}
};
      指定低维元素类型
```

图 13-1　声明二维 vect

上述代码第①行声明二维 vect，语句为 vector< vector< int >>，具体说明如图 13-1 所示。代码第②行通过双层 for 循环语句遍历二维向量 vect。

上述示例运行结果如下：

```
1  2  3
4  5  6
7  8  9
```

## 13.5　map

map 是一种关联容器，允许按照某个键访问元素。map 容器是由两个集合构成的，一个是键集合，另一个是值集合，其中键集合不能有重复的元素。map 容器中的键和值是成对出现的。

图 13-2 所示为国家和首都的 map 容器。键是国家，不能重复；值是国家首都。

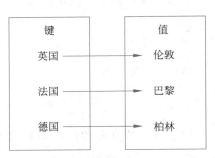

图 13-2　国家和首都的 map 容器

### 13.5.1　初始化 map

map 容器在使用前必须初始化，map 容器是由键和值构成模板类，因此在初始化时需要指定键和值的数据类型。初始化 map 容器的语法格式如下：

```
map< key_datatype, value_datatype > map_name;
```

初始化 map 容器示例代码如下：

```
//13.5.1 初始化 map

# include < iostream >
# include < string >
# include < map >

using namespace std;
```

```
int main() {
    //初始化 map
    map < string, string > countryMap = {          ①
        {"英国", "伦敦"},                              ②
        {"法国", "巴黎"},
        {"德国", "柏林"}
    };                                              ③

    cout << "map 长度: " << countryMap.size() << endl;     ④
    //访问 map 容器
    cout << "访问 map 容器: " << countryMap["法国"] << endl;    ⑤

    return 0;
}
```

上述代码第①～③行创建 map 容器,其中< string, string >是设置键和值的数据类型,代码第②行通过一对大括号({})指定键-值对。

代码第④行的 size()函数用于获得 map 容器的长度。

代码第⑤行 countryMap["法国"]语句通过键访问值。

上述示例代码运行结果如下:

```
map 长度: 3
访问 map 容器: 巴黎
```

## 13.5.2 插入数据

微课视频

map 容器可以通过键插入数据(即插入值)。

示例代码如下:

```
//13.5.2 插入数据

# include < iostream >
# include < string >
# include < map >

using namespace std;

int main() {
    //初始化 map
    map < string, string > countryMap = {
        {"英国", "伦敦"},
        {"法国", "巴黎"},
        {"德国", "柏林"}
    };

    cout << "map 长度: " << countryMap.size() << endl;
    //访问 map 容器
    cout << "访问 map 容器: " << countryMap["法国"] << endl;
```

```
        //插入键值对
        countryMap["中国"] = "北京";                                              ①
        cout << "map 长度：" << countryMap.size() << endl;
        //创建键值对
        pair < string, string > keyvalue = pair < string, string >("韩国", "首尔");   ②
        //插入键值对
        countryMap.insert(keyvalue);                                            ③
        cout << "map 长度：" << countryMap.size() << endl;
        //插入键值对
        countryMap.insert({ "日本","东京" });                                     ④
        cout << "map 长度：" << countryMap.size() << endl;

        return 0;
}
```

上述代码第①行插入键值对，这是因为 map 容器不存在"北京"键对应的值，则会添加键-值对，否则会替换键对应的值。

代码第②行创建 pair 对象，它能表示键-值对信息。

代码第③行通过 insert()函数插入键-值对。

代码第④行也是插入键-值对，参数键-值对放到一对大括号中。

上述示例代码运行结果如下：

```
map 长度：3
访问 map 容器：巴黎
map 长度：4
map 长度：5
map 长度：6
```

微课视频

### 13.5.3 删除数据

map 容器可以通过键删除数据（即删除值）。删除数据可以通过 erase()函数实现，erase()函数语法格式如下：

```
map_name.erase(key)
```

其中 key 是键。

示例代码如下：

```
//13.5.3 删除数据

# include < iostream >
# include < string >
# include < map >

using namespace std;

int main() {
    //初始化 map
    map < string, string > countryMap = {
```

```
            {"英国", "伦敦"},
            {"法国", "巴黎"},
            {"德国", "柏林"}
        };

        countryMap.insert({ "日本","东京" });                              ①
        cout << "map长度: " << countryMap.size() << endl;
        countryMap.erase("日本");                                          ②
        cout << "map长度: " << countryMap.size() << endl;

        return 0;
}
```

上述代码第①行插入键-值对数据。

上述代码第②行删除键-值对数据。

上述示例代码运行结果如下：

```
map长度: 4
map长度: 3
```

## 13.5.4　遍历 map

map 容器中的元素是键-值对，它们是 pair 对象，pair 对象的 first 成员变量可以获得键数据，pair 对象的 second 成员变量可以获得值数据。

遍历 map 容器示例代码如下：

```
//13.5.4 遍历 map
# include < iostream >
# include < string >
# include < map >

using namespace std;

int main() {
        map < string, string > countryMap = {
            {"英国", "伦敦"},
            {"法国", "巴黎"},
            {"德国", "柏林"}
        };

        for (auto s : countryMap) {                                       ①
          cout << s.first << " - > " << s.second << endl;                 ②
        }
        return 0;
}
```

上述代码第①行通过 for 循环语句遍历 countryMap 容器，其中 s 是容器取值的 pair 对象。代码第②行 s.first 获得键数据，其中 s.second 获得值数据。

上述示例代码运行结果如下：

```
德国 -> 柏林
法国 -> 巴黎
英国 -> 伦敦
```

## 13.6 动手练一练

1. 选择题

（1）下面关于 C++模板的说法中，哪些是正确的？（    ）

    A. 模板是一种将类型参数化的编程技术  B. 模板可以定义函数和类

    C. 模板可以用于 STL 容器的定义       D. 模板必须在头文件中实现

（2）下面哪些函数是 vector 容器的成员函数？（    ）

    A. push_back()     B. pop_front()     C. erase()     D. clear()

（3）下面哪些函数可以将元素插入 map 容器？（    ）

    A. insert()     B. push_back()     C. push_front()     D. add()

2. 判断题

（1）STL 中的 vector 容器是一种动态数组，可以根据需要自动扩容，因此其支持高效的随机访问、快速的尾部插入和删除操作。（    ）

（2）C++模板可以帮助程序员编写通用的函数和类，提高代码的复用性和可维护性。（    ）

# 第 14 章

# 异 常 处 理

为增强程序的健壮性,编写计算机程序时需要考虑异常情况。C++语言提供了异常处理功能,本章介绍 C++异常处理机制。

## 14.1　从一个问题开始

微课视频

为了学习 C++异常处理机制,先看一个除法运算的示例,代码如下:

```
# include < iostream >
using namespace std;

/ *
 * 除法函数
 * 参数 m,参数是分子
 * 参数 n,参数是分母
 * 返回计算结果
 * /
```

```
double divide(double m, double n) {                              ①
    return m / n;
}

int main()
{
    int n1, n2;
    cout << "请输入分子：" << endl;
    // 从键盘读取输入的分子
    cin >> n1;
    cout << "请输入分母：" << endl;
    // 从键盘读取输入的分母
    cin >> n2;

    // 调用 divide() 方法
    cout << divide(n1, n2) << endl;                              ②
}
```

上述代码第①行调用代码第②行的 divide() 函数实现除法运算。

上述示例代码中，如果输入的分母不为 0，则代码运行结果如图 14-1 所示；如果输入的分母为 0，则输出 inf，如图 14-2 所示。

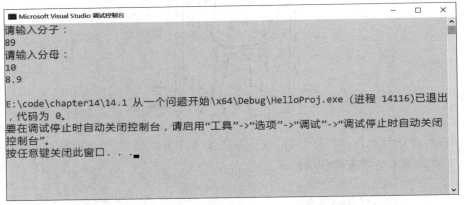

图 14-1　输入的分母不为 0 的代码运行结果

图 14-2　输入的分母为 0 则输出 inf

> 💡 **提示** inf 表示无限大。

## 14.2 抛出异常

14.1节的示例中,分母为0时输出inf。程序员在进行除法运算之前应该保证分母非0,如果分母为0,则应该抛出异常并终止程序。C++中抛出异常可以通过throw语句实现,throw后可以跟任何表达式。

示例代码如下:

```cpp
//14.2 抛出异常
# include < iostream >
using namespace std;

/*
 * 除法函数
 * 参数 m,参数是分子
 * 参数 n,参数是分母
 * 返回计算结果
 */

double divide(double m, double n) {
    if (n == 0) {
        throw "分母不能为0!";          ①
    }
    return m / n;
}

int main()
{
    int n1, n2;
    cout << "请输入分子: " << endl;
    // 从键盘读取输入的分子
    cin >> n1;
    cout << "请输入分母: " << endl;
    // 从键盘读取输入的分母
    cin >> n2;

    // 调用 divide() 方法
    cout << divide(n1, n2) << endl;
}
```

上述代码第①行判断分母为0时通过throw语句抛出异常,throw语句后面跟的字符串为异常信息。

运行上述示例代码时,如果输入的分母为0,则会抛出异常,如图14-3所示。

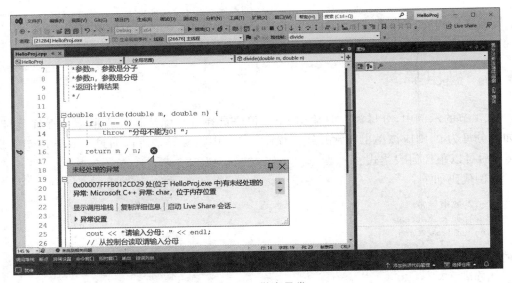

图 14-3　抛出异常

微课视频

## 14.3　捕获异常

14.2 节的示例代码运行结果也是不能接收的——程序抛出了异常，但仍会发生崩溃。一个交互友好的软件系统应该捕获异常，然后给用户友好的提示。C++中捕获异常是通过 try-catch 语句实现的，try-catch 语句语法格式如下：

```
try {
    // 可能会发生异常的语句
} catch( ExceptionName e) {
    //处理异常 e
}
```

示例代码如下：

```
// 14.3 捕获异常
# include < iostream >
using namespace std;

/*
 * 除法函数
 * 参数 m,参数是分子
 * 参数 n,参数是分母
 * 返回计算结果
 */

double divide( double m, double n) {
```

```
        if (n == 0) {
            throw "分母不能为0!";                    ①
        }
        return m / n;
    }


    int main()
    {
        int n1, n2;
        cout << "请输入分子: " << endl;
        // 从键盘读取输入的分子
        cin >> n1;
        cout << "请输入分母: " << endl;
        // 从键盘读取输入的分母
        cin >> n2;
        try {                                      ②
            // 调用 divide() 方法
            cout << divide(n1, n2) << endl;
        }
        catch (const  char * msg) {  // 捕获异常      ③
            cerr << msg << endl;
        }                                          ④
    }
```

上述代码第①行抛出 string 类型字符串;代码第②～④行是 try-catch 语句,其中 try 代码块中包含有可能发生异常的代码;代码第③行通过 catch 代码块捕获 const char * 类型的字符。

运行上述示例代码时,如果输入的分母为 0,则会捕获异常,如图 14-4 所示。

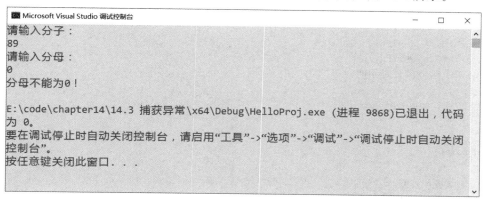

图 14-4 捕获异常 1

## 14.3.1 捕获多种异常

有时需要捕获多种类型异常,捕获多种异常的 try-catch 语句语法格式如下:

微课视频

```
try {
    // 可能会发生异常的语句
} catch( ExceptionName e1 ) {
    //处理异常 e1
} catch( ExceptionName e2 ) {
    //处理异常 e2
...
} catch( ExceptionName eN ) {
    //处理异常 eN
}
```

示例代码如下：

```
//14.3.1 捕获多种异常
# include < iostream >
using namespace std;

/*
 * 除法函数
 * 参数 m,参数是分子
 * 参数 n,参数是分母
 * 返回计算结果
 */

double divide(double m, double n) {

      if (m <= 0) {
        throw -1;                          ①
      }
      if (n < 0) {
        throw -2.0;                        ②
      }
      if (n == 0) {
        throw "分母不能为 0!";              ③
      }
      return m / n;
}

int main()
{
      int n1, n2;
      cout << "请输入分子: " << endl;
      // 从键盘读取输入的分子
      cin >> n1;
      cout << "请输入分母: " << endl;
      // 从键盘读取输入的分母
      cin >> n2;
      try {
```

```
            // 调用 divide() 方法
            cout << divide(n1, n2) << endl;
        }
        catch (const char * msg) {        // 捕获 const char * 类型异常      ④
            cerr << msg << endl;
        }
        catch (int ) {                     // 捕获 int 类型异常              ⑤
            cerr << "分子< 0" << endl;
        }
        catch (double) {                   // 捕获 double 类型异常           ⑥
            cerr << "分母< 0" << endl;
        }
    }
```

上述代码第①行当分子小于或等于 0 时抛出 int 类型异常。

代码第②行当分母小于 0 时抛出 double 类型异常。

代码第③行当分母等于 0 时抛出 const char * 类型异常。

代码第①行抛出 string 类型字符串,代码第②~⑤行是 try-catch 语句,其中 try 代码块中包含有可能发生异常的代码。

代码第④行用来捕获代码第③行抛出的异常。

代码第⑤行用来捕获代码第①行抛出的异常。

代码第⑥行用来捕获代码第②行抛出的异常。

上述示例代码运行结果这里不做赘述。

## 14.3.2 捕获任何类型异常

微课视频

有时并不知道异常类型,只是为了捕获异常,可以使用 catch (…)语句,该语句可用于捕获任何类型异常。

示例代码如下:

```
//14.3.2 捕获任何类型异常
# include < iostream >
using namespace std;

/ *
 * 除法函数
 * 参数 m,参数是分子
 * 参数 n,参数是分母
 * 返回计算结果
 * /

double divide(double m, double n) {

        if (n == 0) {
            throw "分母不能为 0!";
```

```
        }
        return m / n;
    }

    int main()
    {
        int n1, n2;
        cout << "请输入分子: " << endl;
        // 从键盘读取输入的分子
        cin >> n1;
        cout << "请输入分母: " << endl;
        // 从键盘读取输入的分母
        cin >> n2;
        try {
            // 调用 divide() 方法
            cout << divide(n1, n2) << endl;
        }
        catch (...) {   // 捕获异常                        ①
            cerr << "发生异常!!" << endl;                  ②
        }
    }
```

上述代码第①行捕获任何类型的异常，代码第②行输出异常信息，注意 cerr 类似于 cout 对象，用来输出错误信息。运行上述示例时，如果输入的分母为 0，则会捕获异常，如图 14-5 所示。

图 14-5　捕获任何类型异常

## 14.4　C++标准异常

14.3.1 节和 14.3.2 节的示例代码捕获的异常都是基本的数据类型，如字符串类型、整数类型和浮点类型等，这些类型的数据不是异常类，C++是面向对象的，它在标准库中提供了 C++标准异常，即异常类，这些异常类的继承层次如图 14-6 所示。

C++标准异常都位于 std 命名空间，其中常用的 C++标准异常说明如表 14-1 所示。

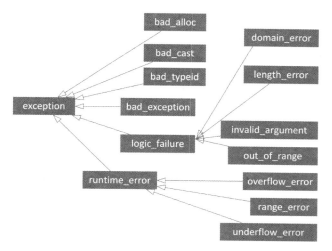

图 14-6 C++标准异常继承层次

表 14-1 常用的 C++标准异常说明

| 异　　常 | 说　　明 |
|---|---|
| exception | C++标准异常的父类 |
| bad_cast | 动态类型转换时,无法转换而抛出的异常 |
| bad_exception | 在处理 C++程序中无法预期的异常时使用 |
| logic_failure | 由程序中的逻辑错误引起的异常 |
| runtime_error | 运行时错误异常 |

使用 runtime_error 异常的示例代码如下:

```
//14.4 C++标准异常
#include <iostream>
using namespace std;

/*
 * 除法函数
 * 参数 m,参数是分子
 * 参数 n,参数是分母
 * 返回计算结果
 */

double divide(double m, double n) {

    if (n == 0) {
        throw runtime_error("分母不能为 0!");          ①
    }
    return m / n;
}
```

```cpp
int main()
{
    int n1, n2;
    cout << "请输入分子: " << endl;
    // 从键盘读取输入的分子
    cin >> n1;
    cout << "请输入分母: " << endl;
    // 从键盘读取输入的分母
    cin >> n2;
    try {
      // 调用 divide() 方法
      cout << divide(n1, n2) << endl;
    }

    catch (exception&e) {                        ②
      cout << "捕获异常: " << e.what() << endl;    ③
    }
}
```

上述代码第①行通过 throw 语句抛出 runtime_error 异常。

代码第②行捕获异常。注意：异常参数"&e"采用引用传递。

代码第③行的 what() 函数可以获得异常信息。

运行上述代码时，如果输入的分母为 0，则会捕获异常，如图 14-7 所示。

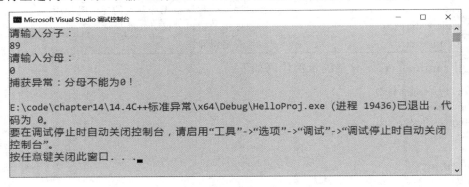

图 14-7　捕获异常 2

微课视频

## 14.5　自定义异常类

有些公司为了提高代码的可重用性，自己开发了一些库，其中少不了要编写一些异常类。实现自定义异常类需要继承 C++标准库中的 std：：exception 类，在子类中需要提供一个名为 what 的虚成员函数。

自定义异常类示例代码如下：

```cpp
//14.5 自定义异常类
#include < iostream >
```

```
using namespace std;

//自定义除 0 异常类
class  ZeroDivisionException : public exception {        ①
    virtual const char * what() const throw() {          ②
       return "发生了除 0 异常!";
    }
};

    /*
     * 除法函数
     * 参数 m,参数是分子
     * 参数 n,参数是分母
     * 返回计算结果
     */

    double divide(double m, double n) {

      if (n == 0) {
         throw ZeroDivisionException();                  ③
      }
      return m / n;
    }

    int main()
    {
      int n1, n2;
      cout << "请输入分子: " << endl;
      // 从键盘读取输入的分子
      cin >> n1;
      cout << "请输入分母: " << endl;
      // 从键盘读取输入的分母
      cin >> n2;
      try {
        // 调用 divide() 方法
        cout << divide(n1, n2) << endl;
      }

      catch (exception& e) {
        cout << "捕获异常: " << e.what() << endl;
      }
    }
```

上述代码第①行自定义异常类 ZeroDivisionException,并在此声明继承 exception 父类。

代码第②行重写 what()函数,在此函数中返回异常信息。

代码第③行抛出 ZeroDivisionException 异常。

运行上述示例时,如果输入的分母为 0,则会引发异常,如图 14-8 所示。

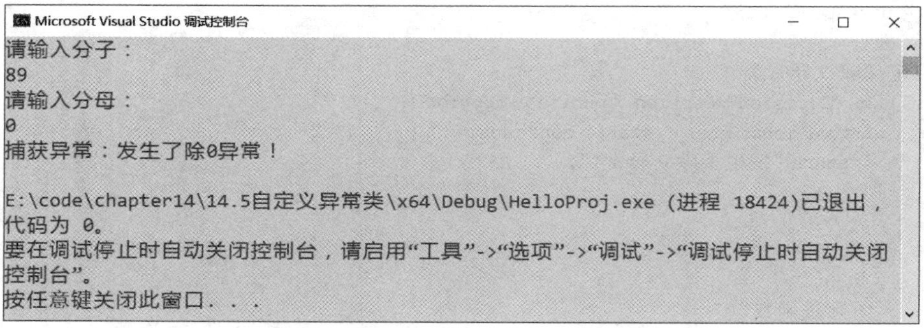

图 14-8　输入分母为 0 引发异常

## 14.6　动手练一练

1. 选择题

（1）在 C++中，异常处理使用的关键字是（　　　）。

    A．try　　　　　　　　B．throw　　　　　　　C．catch　　　　　　D．以上都是

（2）下面哪个关键字用于抛出异常？（　　　）

    A．try　　　　　　　　B．throw　　　　　　　C．catch　　　　　　D．以上都不是

2. 判断题

（1）在一个 try 代码块中，可以有多个 catch 代码块捕获不同类型的异常。（　　　）

（2）在 catch 代码块中，可以重新抛出异常，以便将异常传递给调用者或者其他 catch 代码块。（　　　）

# 第 15 章

# I/O 流

在 C++中,数据的输入/输出(I/O)操作被视为一组有序的数据序列,通常被称为流。这些流分为两种形式:输入流和输出流。输入流用于从数据源中读取数据,而输出流则用于将数据写入目的地。如图 15-1 所示,数据源有多种形式,如文件、网络和键盘等,其中键盘是默认的标准输入设备。同样地,输出目的地也有多种形式,如文件、网络和控制台等,其中控制台是默认的标准输出设备。

图 15-1　I/O 流

在 C++中,所有的输入形式都被抽象为输入流,而所有的输出形式被抽象为输出流,它们都与具体的设备无关。

## 15.1　标准 I/O 流

C++提供了多种形式的流，其中最基本的是标准 I/O 流。标准 I/O 流包括：

（1）标准输出流：通常默认的输出设备是控制台。C++提供的标准输出流类是 ostream，其中 cout 对象是 ostream 类的实例，在之前的章节中多次使用过。

（2）标准输入流：通常默认的输入设备是键盘。C++提供的标准输入流类是 istream，其中 cin 对象是 istream 类的实例，在之前的章节中也多次使用过。

标准 I/O 流是在 iostream 头文件中定义的，这些标准 I/O 流对象，如 cin、cout 和 cerr 等，在之前的章节中已经多次使用过，这里不再赘述。

## 15.2　文件操作

操作文件可以通过文件 I/O 流实现，本节介绍如何通过 I/O 流操作文件。

### 15.2.1　文件 I/O 流

除了标准 I/O 流外，文件 I/O 流也非常常用。文件 I/O 流包括：

（1）ofstream：该类代表一个文件输出流，用于将数据写入文件。

（2）ifstream：该类代表一个文件输入流，用于从文件中读取数据。

### 15.2.2　打开文件

在操作文件之前，首先需要打开文件。可以使用 ofstream 和 ifstream 类的 open() 函数打开文件，其语法格式如下：

```
void open(const char * filename, ios::openmode mode);
```

其中，参数 filename 是文件名，包括文件路径；参数 mode 是打开文件的模式，如表 15-1 所示。

表 15-1　打开文件的模式

| 文件模式参数 | 说　　明 |
| --- | --- |
| ios：：app | 以追加的方式打开文件 |
| ios：：ate | 文件打开后定位到文件尾 |
| ios：：in | 以写入方式打开文件 |
| ios：：out | 以读取方式打开文件 |
| ios：：trunc | 如果文件已存在，则先清除文件内容 |
| ios：：binary | 以二进制方式打开文件，如果缺省，则以文本方式打开 |

表 15-1 中的部分模式可以使用逻辑运算符（|）连接，但不是所有模式都能一起使用，如表 15-2 所示的文件打开模式组合是有效的。

表 15-2 有效的文件打开模式组合

| 文件模式参数 | 说　明 |
|---|---|
| ios∷out\|ios∷app | 以写入方式打开文件,在文件尾写入数据 |
| ios∷in\|ios∷out | 文件打开后定位到文件尾 |
| ios∷in\|ios∷out\|ios∷trunc | 如果文件已存在则先清除文件内容 |

## 15.2.3　关闭文件

C++程序在终止时,会自动刷新所有流,释放所有分配的内存并关闭所有打开的文件,但程序员应该在程序终止前主动关闭所有打开的文件,这是一个好的编程习惯。

fstream 和 ofstream 类都有 close()函数,用于关闭流。

## 15.2.4　从文件中读取数据

微课视频

使用 ifstream 对象的流提取运算符"＞＞"可以将数据从文件中读取到程序中,就像使用标准输入流 cin 从键盘输入数据一样。

下面通过一个示例介绍如何使用文件流读取文件。要读取的文件 my_file.txt 内容如图 15-2 所示,为了方便访问文件,将 my_file.txt 文件与 C++源文件置于同一个文件夹下,如图 15-3 所示。

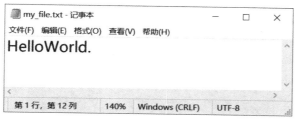

图 15-2　my_file.txt 文件内容

图 15-3　my_file.txt 文件位置

从 my_file.txt 文件读取数据实现代码如下：

```
//15.2.4 从文件中读取数据
# include < fstream >     // 包含文件流头文件
# include < iostream >    // 包含标准流头文件
using namespace std;

int main()
{
    // 接收数据的临时缓冲区
    char buffer[1024];

    ifstream infile;
    infile.open("my_file.txt");                    ①

    //将数据读取到缓冲区
    infile >> buffer;                              ②
    // 将 char[]转换为 string
    string data = string(buffer);

    //将数据输出到屏幕
    cout << data;
    // 关闭文件
    infile.close();
}
```

上述代码第①行打开文件。

代码第②行将数据从文件读取到 buffer 中。

上述示例代码运行结果如下：

```
HelloWorld.
```

微课视频

## 15.2.5 读取多行数据

15.2.4 节示例事实上只能读取一行数据，但是文件通常包含多行数据，读取多行数据可以使用 getline() 函数实现。

下面通过一个示例介绍 getline() 函数的使用，该示例从文件"进酒.txt"中读取数据，文件内容如图 15-4 所示。

示例代码如下：

```
//15.2.5 读取多行数据
# include < fstream >
# include < iostream >
# include < string >

using namespace std;

int main()
```

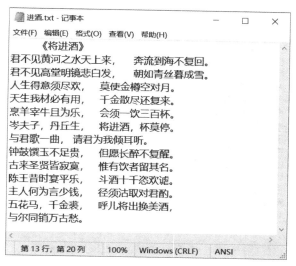

图 15-4　进酒.txt 文件

```
{
    ifstream  infile;
    infile.open("进酒.txt");

    string line;
    while (getline(infile, line)) { //读取多行数据       ①
       //将数据打印到屏幕
       cout << line << endl;
    }

    // 关闭文件
    infile.close();
}
```

上述代码第①行通过 getline()函数从 infile 流中将多行数据读取到字符串变量 line 中,当读取到文件尾时,while 语句结束。

上述示例代码运行结果这里不做赘述,读者可以自己测试一下。

## 15.2.6　中文乱码问题

微课视频

在读写中文字符的文本文件时可能会遇到中文乱码问题。查看文件字符集可以使用记事本工具打开,在记事本工具的右下角可见文件字符集,如图 15-5 所示。在 Windows 平台中,ANSI 字符集是 GBK(简体中文)。

如果 15.2.4 节示例中的“进酒.txt”文件不是 GBK 编码,则输出结果的中文会有乱码,如图 15-6 所示。

如何解决中文乱码问题呢? 有两种方法:

(1) 修改文件字符集。如果文件不是 GBK 编码,则需要将文件字符集修改为 GBK,这

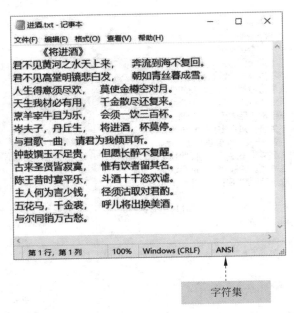

图 15-5　文件字符集

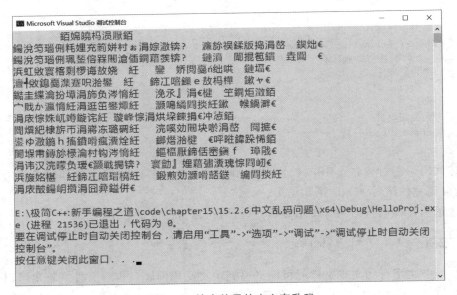

图 15-6　输出结果的中文有乱码

样程序代码不需要做任何修改。修改文件字符集可以使用记事本工具打开文件，再另存为，如图 15-7 所示，在"编码"下拉列表框中选择 UTF-8 字符集。

（2）通过程序代码修改输出命令提示符窗口字符集，也就是让命令提示符窗口能够显示 UTF-8 编码，示例代码如下：

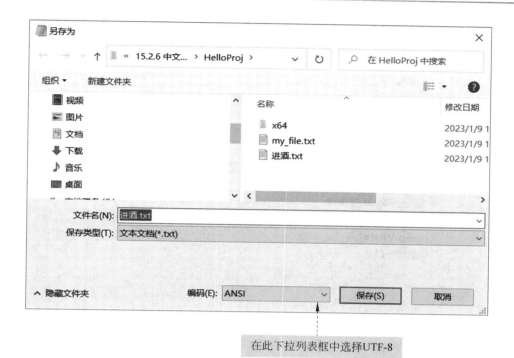

图 15-7 改变文件字符集

```cpp
//15.2.6 中文乱码问题
# include < fstream >
# include < iostream >
# include < string >

using namespace std;

int main()
{
    // 修改命令提示符窗口字符集
    std::system("chcp 65001");                    ①
    ifstream   infile;
    infile.open("进酒.txt");

    string line;
    while (getline(infile, line)) { //读取一行数据
      //将数据打印到屏幕
      cout << line << endl;
    }

    // 关闭文件
    infile.close();
}
```

上述代码第①行修改命令提示符窗口字符集，其中"chcp 65001"就是 UTF-8 编码。上述示例代码运行结果这里不做赘述，读者可以自己测试一下，看是否还有中文乱码问题。

## 15.2.7　写入文件

使用 ofstream 对象的流插入运算符"<<"可以将数据写入文件，就像使用标准输出流 cout 将数据输出到屏幕一样。

下面通过一个示例介绍如何写入文件。待写入文件 my_file.txt 内容如图 15-8 所示。分两次写入，第一次写入"Hello World."字符串，第二次写入"世界您好!"字符串。

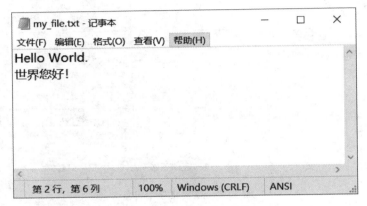

图 15-8　my_file.txt 文件

示例代码如下：

```
//15.2.7 写入文件
# include < fstream >
# include < iostream >
# include < string >

using namespace std;

int main()
{
    ofstream my_file;
    // 打开文件
    my_file.open("my_file.txt", ios::out);          ①
    if (!my_file) {                                  ②
      cout << "文件创建失败!" << endl;
    }
    else {
      cout << "文件创建成功." << endl;
      my_file << "Hello World.\n";                   ③
      my_file.close();
    }
```

```
// 通过追加模式打开文件
my_file.open("my_file.txt", ios::app);            ④
if (!my_file) {
  cout << "打开文件失败!" << endl;
}
else {
  cout << "打开文件成功." << endl;
  my_file << "世界您好!";                          ⑤
  my_file.close();
}

cout << "写入完成." << endl;
}
```

上述代码第①行通过"ios::out"模式打开文件。

上述代码第②行判断文件是否打开成功。

上述代码第③行将"Hello World."字符串写入文件。注意:"\n"是在字符串后加上一个换行符。

代码第④行通过追加模式打开文件。

代码第⑤行将"世界您好!"字符串写入文件。注意:这里没有加换行符。

上述示例代码运行结果这里不做赘述,读者可以自己测试一下。

## 15.3　案例:图片复制工具

微课视频

图片文件属于二进制文件,下面通过一个图片文件复制工具案例,帮助读者熟悉二进制流的读写操作。

示例代码如下:

```
//15.3 案例:图片复制工具
# include< iostream >
# include< fstream >

using namespace std;

int main()
{
    char buffer;                        // 缓冲区

    ofstream out_file;                  // 文件输出流
    ifstream in_file;                   // 文件输入流

    // 以二进制读文件模式打开文件
    out_file.open("Python从小白到大牛(第2版) - 副本.png", ios::out | ios::binary);①
    // 以二进制写文件模式打开文件
    in_file.open("Python从小白到大牛(第2版).png", ios::in | ios::binary);          ②
```

```
    while (in_file.get(buffer))          // 将文件数据读取到缓存区          ③
      out_file.put(buffer);              // 将缓存区数据写入文件          ④

    in_file.close();                     // 关闭文件输入流
    out_file.close();                    // 关闭文件输出流

    cout << "复制完成." << endl;
    return 0;
}
```

上述代码第①行打开要复制的目标文件。注意：文件打开模式是二进制读文件模式。

代码第②行打开要复制的源文件。注意：文件打开模式是二进制写文件模式。

代码第③行通过文件输入流的 get() 函数将文件数据读取到数据缓存区，当读取到文件末尾时，结束 while 语句。

代码第④行通过文件输出流的 put() 函数将缓存区数据写入文件。

上述示例代码运行结果这里不做赘述，读者可以自己测试一下。

## 15.4 动手练一练

1. 选择题

(1) C++中的输入/输出操作被称为（      ）。

    A. 数据操作        B. 流操作        C. 计算操作        D. 文件操作

(2) 输入流的作用是什么？（      ）

    A. 从数据源读取数据        B. 将数据写入目的地

    C. 对数据进行加密        D. 对数据进行解压缩

(3) 输出流的作用是什么？（      ）

    A. 从数据源读取数据        B. 将数据写入目的地

    C. 对数据进行加密        D. 对数据进行解压缩

(4) 标准输入设备通常是什么？（      ）

    A. 鼠标        B. 显示器        C. 打印机        D. 键盘

(5) 标准输出设备通常是什么？（      ）

    A. 鼠标        B. 显示器        C. 打印机        D. 键盘

(6) ofstream 类代表什么样的流？（      ）

    A. 文件输入流        B. 文件输出流        C. 标准输入流        D. 标准输出流

(7) ifstream 类代表什么样的流？（      ）

    A. 文件输入流        B. 文件输出流        C. 标准输入流        D. 标准输出流

(8) 打开文件需要使用哪个函数？（      ）

    A. open()        B. close()        C. read()        D. write()

（9）文件打开模式可以指定（　　　）。

    A. 只读或只写               B. 只读或读写

    C. 只写或读写               D. 只读、只写或读写

2. 判断题

打开文件时，需要指定文件名和文件路径，以下语法是否正确？（　　　　）

```
ifstream input_file();
input_file.open("example.txt", ios: : in);
```

# 第 16 章

# MySQL 数据库编程

由于 MySQL 数据库应用非常广泛,因此本章介绍如何利用 C++管理 MySQL 数据库。另外,考虑到没有 MySQL 基础的读者,本章还介绍了 MySQL 数据库安装和基本管理。

## 16.1 MySQL 数据库管理系统

微课视频

MySQL 是流行的开源的数据库管理系统,是 Oracle 旗下的数据库产品。目前 Oracle 提供了多个 MySQL 版本,其中 MySQL Community Edition(社区版)是免费的,该版本比较适合中小企业数据库,本书将对这个版本进行介绍。

社区版安装文件下载页面如图 16-1 所示。MySQL 可在 Windows、Linux 和 UNIX 等操作系统中安装和运行,读者可根据情况选择相应的安装文件下载。

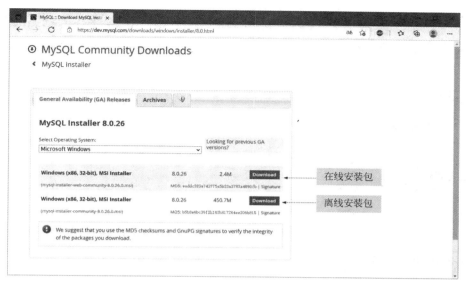

图 16-1　社区版安装文件下载页面

## 16.1.1　安装 MySQL 8 数据库

笔者计算机中的操作系统是 Windows 10 64 位，笔者下载的离线安装包文件是 mysql-installer-community-8.0.28.0.msi，双击该文件就可以安装了。

MySQL 8 数据库安装过程如下：

（1）选择安装类型。

安装过程第一个步骤是选择安装类型。双击离线安装包文件，打开如图 16-2 所示的 MySQL Installer 对话框，在对话框中选择 Choosing a Setup Type 选项，即可选择安装类型。如果是为了学习 C++ 而使用 MySQL 数据库，则推荐选中 Server only，即只安装 MySQL 服务器，不安装其他组件。

在图 16-2 所示的对话框中单击 Next 按钮，进入如图 16-3 所示的 Installation 界面。

然后单击 Execute 按钮，开始执行安装。

（2）配置安装。

安装完成后，还需要进行必要的配置，其中有两个重要步骤：

① 配置网络通信端口，如图 16-4 所示。默认通信端口是 3306，如果没有端口冲突，建议不修改。

② 设置密码，如图 16-5 所示。可以为 root 用户设置密码，也可以添加其他普通用户。

（3）配置 Path 环境变量。

为了方便使用，推荐把 MySQL 安装路径添加到 Path 环境变量中。打开"环境变量"对话框，如图 16-6 所示。

双击 Path 环境变量，将弹出"编辑环境变量"对话框，如图 16-7 所示，在对话框中添加 MySQL 安装路径。

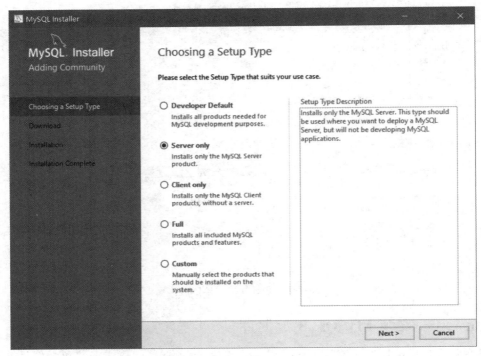

图 16-2　MySQL Installer 对话框

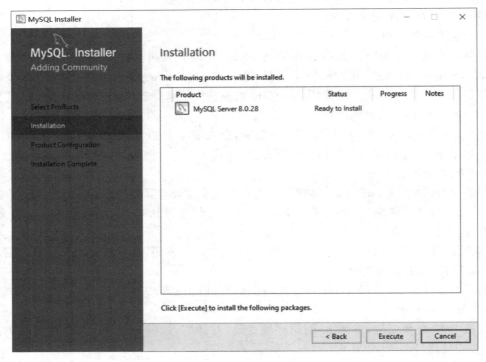

图 16-3　Installation 界面

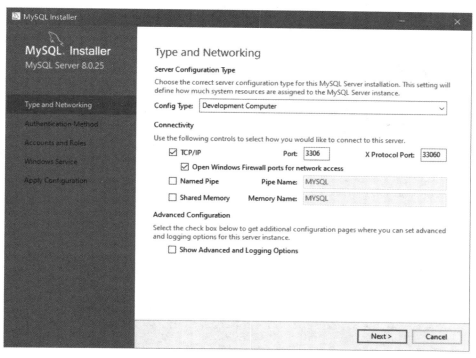

图 16-4　配置网络通信端口

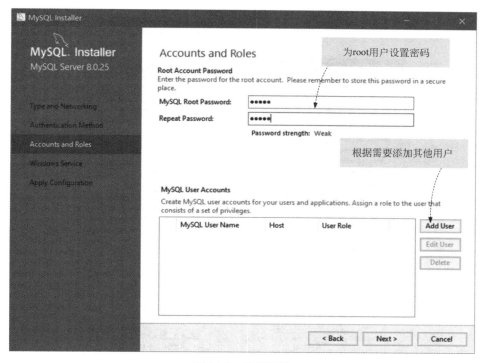

图 16-5　设置密码

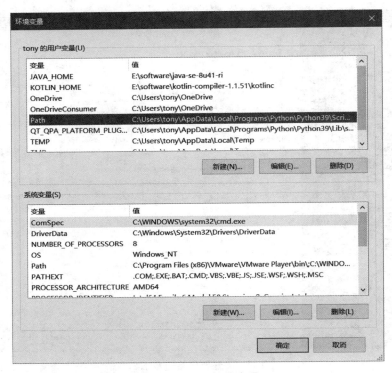

图 16-6　Path 环境变量

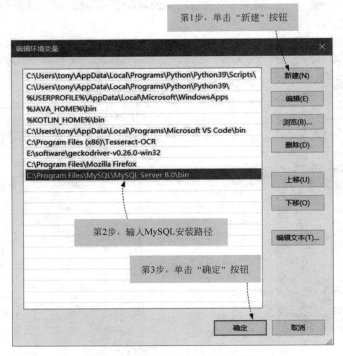

图 16-7　"编辑环境变量"对话框

### 16.1.2　客户端登录服务器

MySQL 服务器安装完毕即可使用。使用 MySQL 服务器的第一步是通过客户端登录服务器。可以使用命令提示符窗口(macOS 和 Linux 系统中使用终端窗口)或 GUI(图形用户界面)工具登录 MySQL 服务器,推荐使用命令提示符窗口登录服务器。

使用命令提示符窗口登录服务器的完整命令如下:

```
mysql -h 主机 IP 地址(主机名) -u 用户 -p
```

其中,-h、-u、-p 是参数,说明如下:

(1) -h:要登录的服务器主机名或 IP 地址,可以是远程服务器主机。注意:-h 后面可以没有空格。如果是本机登录,则可以省略该参数。

(2) -u:登录服务器的用户,这个用户必须是数据库中存在的,且具有登录服务器的权限。注意:-u 后面可以没有空格。

(3) -p:用户对应的密码,可以直接在-p 后面输入密码,也可以按 Enter 键后再输入密码。

如图 16-8 所示是使用 mysql 命令登录本机服务器。

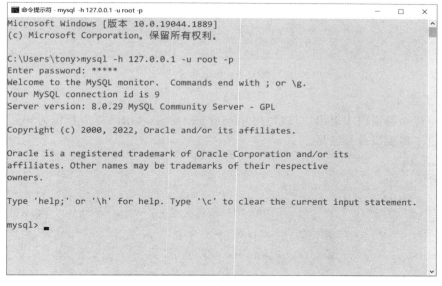

图 16-8　客户端登录服务器

### 16.1.3　常见的管理命令

通过命令行客户端管理 MySQL 数据库,需要了解一些常用的命令。

1. help 命令

help 命令能够列出 MySQL 其他命令的帮助信息。在命令提示符窗口中输入 help,不需要以分号结尾,直接按 Enter 键,如图 16-9 所示。这里列出的都是 MySQL 的管理命令,这些命令大部分不需要以分号结尾。

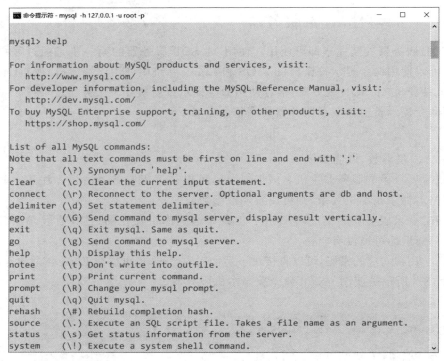

图 16-9   help 命令

**2. 退出命令**

从命令提示符窗口中退出，可以使用 quit 或 exit 命令，如图 16-10 所示为 exit 命令。这两个命令也不需要以分号结尾。

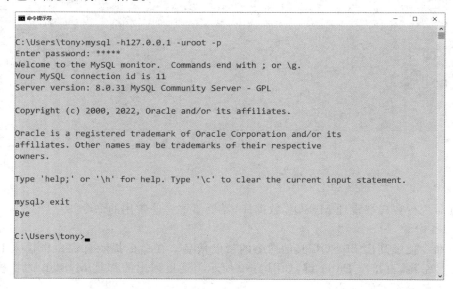

图 16-10   exit 命令

## 3. 查看数据库命令

查看数据库命令是 show databases;，如图 16-11 所示。注意，该命令以分号结尾。

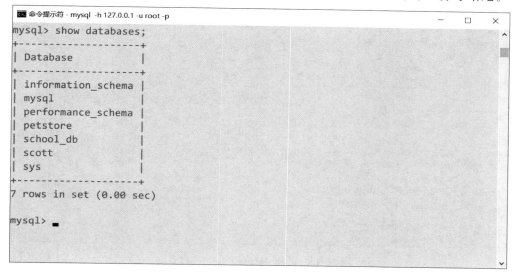

图 16-11　show databases;命令

## 4. 创建数据库命令

创建数据库可以使用 create database testdb;命令，如图 16-12 所示，其中 testdb 是自定义数据库名。注意，该命令以分号结尾。

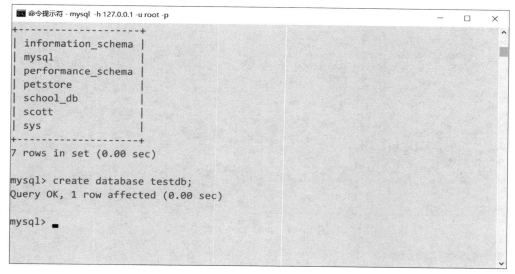

图 16-12　create database testdb;命令

## 5. 删除数据库命令

删除数据库可以使用 drop database testdb;命令，如图 16-13 所示，其中 testdb 是数据库名。注意，该命令以分号结尾。

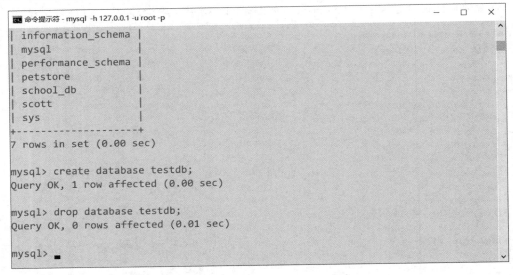

图 16-13　drop database testdb；命令

6. 查看数据表数量命令

查看数据表数量的命令是 show tables；，如图 16-14 所示。注意，该命令以分号结尾。如果一个服务器中有多个数据库，则应该先使用 use 命令选择数据库。

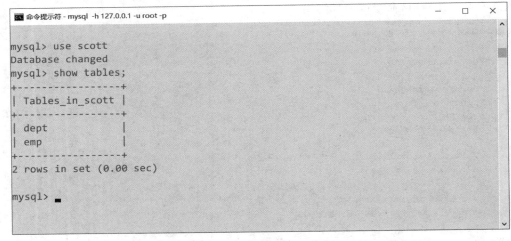

图 16-14　show tables；命令

7. 查看表结构命令

知道了有哪些表后，还需要知道表结构，此时可以使用 desc emp；命令，如图 16-15 所示。注意，该命令以分号结尾。

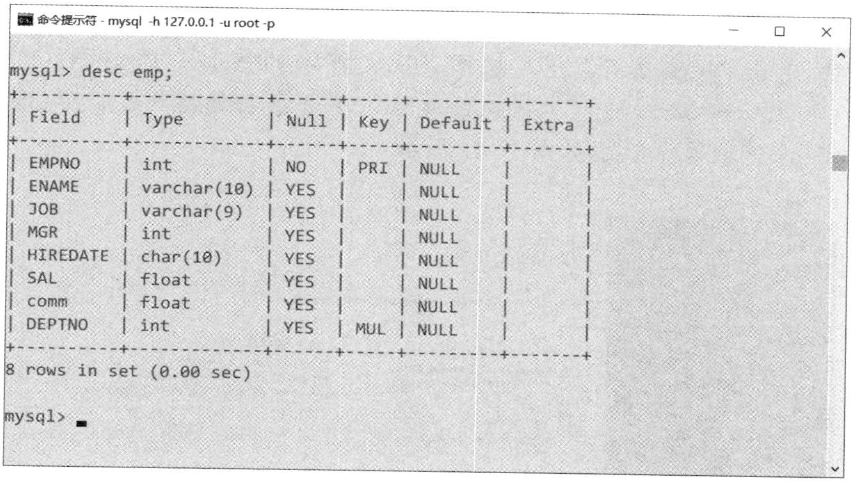

命令提示符 - mysql -h 127.0.0.1 -u root -p
mysql> desc emp;
+----------+-------------+------+-----+---------+-------+
| Field    | Type        | Null | Key | Default | Extra |
+----------+-------------+------+-----+---------+-------+
| EMPNO    | int         | NO   | PRI | NULL    |       |
| ENAME    | varchar(10) | YES  |     | NULL    |       |
| JOB      | varchar(9)  | YES  |     | NULL    |       |
| MGR      | int         | YES  |     | NULL    |       |
| HIREDATE | char(10)    | YES  |     | NULL    |       |
| SAL      | float       | YES  |     | NULL    |       |
| comm     | float       | YES  |     | NULL    |       |
| DEPTNO   | int         | YES  | MUL | NULL    |       |
+----------+-------------+------+-----+---------+-------+
8 rows in set (0.00 sec)
mysql>


图 16-15　desc emp;命令

## 16.2　C++与 MySQL 链接器

MySQL 链接器是 C++应用程序连接到 MySQL 数据库服务器的驱动程序和库。

### 16.2.1　安装 MySQL 链接器

微课视频

在详细介绍如何使用 MySQL 链接器访问 MySQL 数据库程序之前，首先需要安装 MySQL 链接器。双击 MySQL 安装文件，打开如图 16-16 所示的 MySQL Installer 对话框。

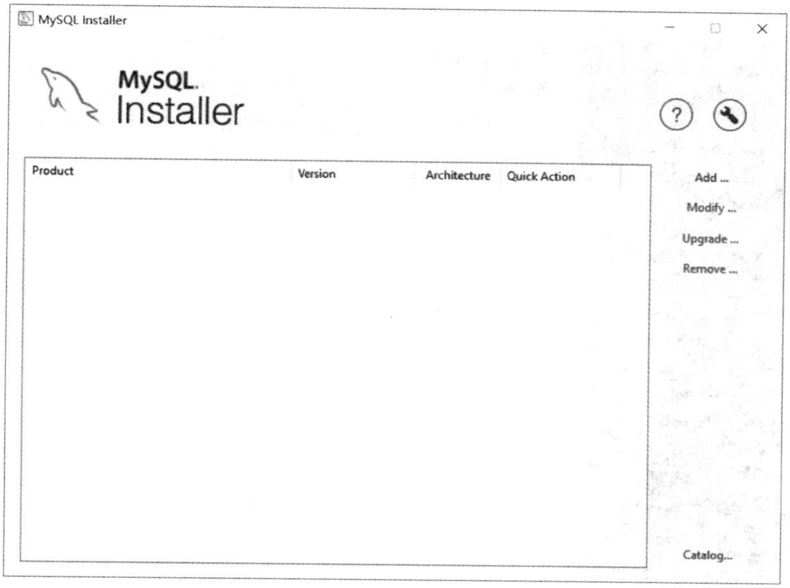

MySQL Installer
MySQL.
Installer
Product
Version
Architecture
Quick Action
Add ...
Modify ...
Upgrade ...
Remove ...
Catalog...


图 16-16　MySQL Installer 对话框

单击 Add 按钮，进入如图 16-17 所示的 Choosing a Setup Type 界面。选中 Custom 单选按钮，然后单击 Next 按钮，进入如图 16-18 所示的 Select Products 界面。选择 Connector/C++ 8.0→Connector/C++ 8.0.28 - X64，单击 ➡ 按钮将其添加到右侧 Products To Be Installed：区域等待安装，如图 16-19 所示。

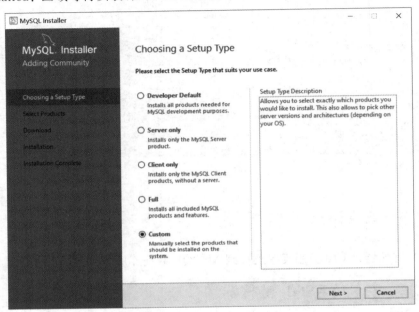

图 16-17　Choosing a Setup Type 界面

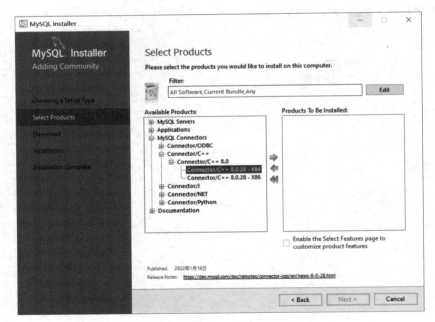

图 16-18　Select Products 界面

在如图 16-19 所示的界面单击 Next 按钮，进入 Installation 界面，如图 16-20 所示。

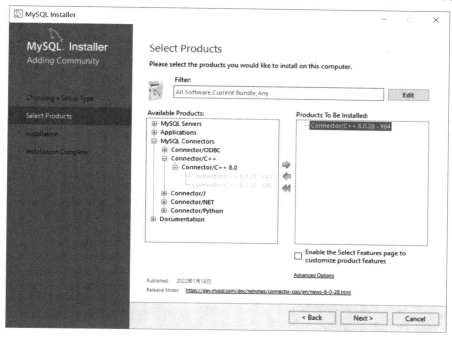

图 16-19　将 Connector/C++ 8.0.28 - X64 添加到右侧 Products To Be Installed：区域

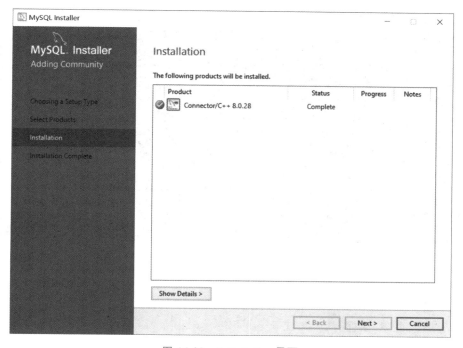

图 16-20　Installation 界面

单击 Next 按钮开始安装。链接器默认安装在 MySQL 安装目录中，如图 16-21 所示。

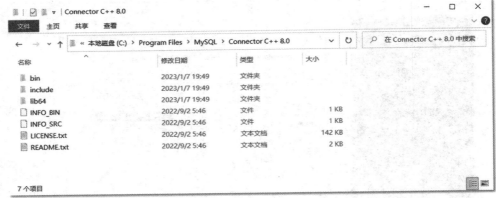

图 16-21　链接器安装目录

## 16.2.2　在 Visual Studio 中配置链接器

微课视频

链接器安装好之后，需要在 Visual Studio 工具中进行相关配置。首先打开 Visual Studio 项目，然后按照如下步骤配置。

### 1. 修改项目的发布模式

首先，需要将项目的发布模式由 Debug 修改为 Release，如图 16-22 所示。

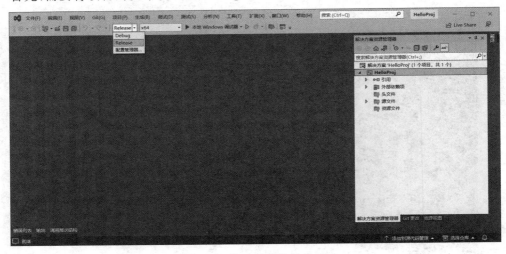

图 16-22　修改项目的发布模式

### 2. 设置头文件目录

首先右击 HelloProj 项目，在弹出快捷菜单中选择"属性"命令，打开如图 16-23 所示的"HelloProj 属性页"对话框。

选择 C/C++→"常规"选项，然后单击"附加包含目录"右侧的下拉按钮，如图 16-24 所

图 16-23　"HelloProj 属性页"对话框 1

示,在弹出的下拉列表框中选择"编辑"选项,然后单击"确定"按钮,将弹出如图 16-25 所示的"附加包含目录"对话框,在此对话框中添加链接器安装目录下的 include 目录。

图 16-24　设置头文件目录

图 16-25  "附加包含目录"对话框

### 3. 添加库目录

接下来需要添加库目录。打开如图 16-26 所示的"HelloProj 属性页"对话框,在对话框左侧选择"链接器"选项,然后单击"附加库目录"右侧的下拉按钮,在弹出的下拉列表框中选择"编辑"选项,单击"确定"按钮,将弹出如图 16-27 所示的"附加库目录"对话框,在此对话框中添加链接器安装目录下的 lib64\vs14 目录。

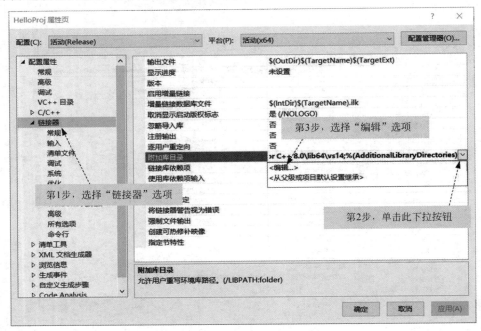

图 16-26  "HelloProj 属性页"对话框 2

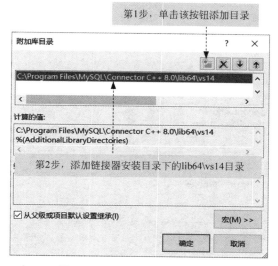

图 16-27 "附加库目录"对话框

4. 设置静态库

接下来设置静态库。打开如图 16-28 所示的"HelloProj 属性页"对话框,在对话框左侧选择"链接器"→"输入"选项,然后单击"附加依赖项"右侧的下拉按钮,在弹出的下拉列表框中选择"编辑"选项,单击"确定"按钮,将弹出如图 16-29 所示的"附加依赖项"对话框,在此对话框中添加 mysqlcppconn8.lib,设置完成后单击"确定"按钮关闭对话框。

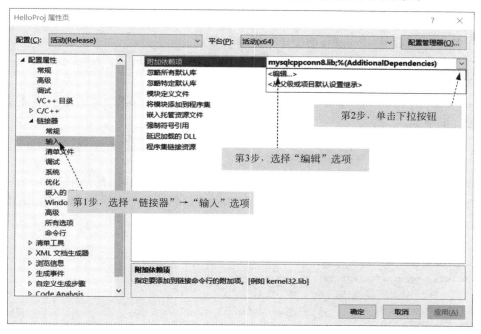

图 16-28 "HelloProj 属性页"对话框 3

图 16-29 "附加依赖项"对话框

## 16.3 使用 X DevAPI

MySQL 链接器 8.0 库提供了 3 种形式的 API（Application Programming Interface，应用程序编程接口）：

（1）X DevAPI：用 C++编写的应用程序编程接口。

（2）X Dev API for C：用 C 语言编写的应用程序编程接口。

（3）基于 JDBC4 的旧版 API。

X DevAPI 引入了一种新的、现代的、易于学习的方式访问数据，因此本书重点介绍 X DevAPI 的使用。

微课视频

### 16.3.1 数据库会话

在传统数据库 API 开发过程时，一般首先需要建立数据库链接，而使用 X DevAPI 则需要建立数据库会话（Session）。DevAPI 会话可以封装一个或多个实际的 MySQL 链接。

建立数据库会话示例代码如下：

```
//16.3.1 数据库会话
# include < iostream >
# include < mysqlx/xdevapi.h >

using namespace mysqlx;
using namespace std;
```

```
int main() {

    try {
        // 建立数据库会话

        Session sess(SessionOption::HOST, "localhost",        ①
            SessionOption::PORT, 33060,                        ②
            SessionOption::USER, "root",                       ③
            SessionOption::PWD, "12345");                      ④

        cout << "建立数据库会话." << endl;
        // 获得数据库对象
        Schema db = sess.getSchema("scott_db");                ⑤
        // 打印据库名
        cout << db.getName() << endl;                          ⑥
    }
    catch (const std::exception& e) {
        cout << "建立数据库会话失败!" << endl;
        std::cerr << e.what() << endl;
    }
}
```

上述代码第①~④行建立数据库会话,其中代码第①行设置数据库服务器主机名,代码第②行设置数据库服务器通信端口,代码第③行设置数据库用户,代码第④行设置密码。

代码第⑤行获得数据库对象,其中 scott_db 是 MySQL 中已经创建的数据库名;代码第⑥行 db.getName()语句获得数据库名。

## 16.3.2 使用表

微课视频

X DevAPI 提供了 Table 对象,对应数据库中的表。使用 Table 对象可以实现数据库表的 CRUD(增、删、改和查)操作,为此 Table 对象提供如下 4 个函数:

(1) insert(): 插入数据函数。

(2) remove(): 删除数据函数。

(3) update(): 更新数据函数。

(4) select(): 查询数据函数。

示例代码如下:

```
//16.3.2 使用表
# include < iostream >
# include < mysqlx/xdevapi.h >

# pragma execution_character_set("utf - 8") // 设置文件编码字符集        ①
using namespace mysqlx;
using namespace std;
```

```
int main() {
    // 设置命令提示符字符集为 utf-8
    std::system("chcp 65001");                                          ②

    try {
        // 建立数据库会话

        Session sess(SessionOption::HOST, "localhost",
            SessionOption::PORT, 33060,
            SessionOption::USER, "root",
            SessionOption::PWD, "12345");

        cout << "建立数据库会话." << endl;
        // 获得数据库对象
        Schema db = sess.getSchema("scott_db");
        // 访问存在的表
        Table empTable = db.getTable("emp");                            ③

        // 查询数据
        RowResult myResult = empTable
            .select("empno", "ename", "job", "hiredate", "sal", "DEPT")  ④
            .execute();              // 执行 SQL 语句                      ⑤

        cout << " ------ 提取一条数据 --------------- " << endl;
        // 提取一条数据
        Row row = myResult.fetchOne();                                  ⑥
        cout << "员工编号：" << row[0] << endl;
        cout << "员工姓名：" << row[1] << endl;
        cout << "职务：" << row[2] << endl;
        cout << "生日：" << row[3] << endl;
        cout << "薪水：" << row[4] << endl;
        cout << "部门：" << row[5] << endl;
    }

    catch (const std::exception& e) {
        cout << "建立数据库会话失败!" << endl;
        std::cerr << e.what() << endl;
    }
}
```

上述代码第①行设置当前文件的源文件字符集为 utf-8，可以保证插入的中文字符集是 utf-8，与数据库保持一致。

代码第②行设置命令提示符字符集为 utf-8，可以保证在命令提示符中显示的字符集是 utf-8。

代码第③行获得数据中的员工表对象。

代码第④行的 select() 函数中提供要查询的字段。

代码第⑤行的 execute()函数执行查询,返回 RowResult 对象。注意:上述查询过程中采用了链式函数调用,这是当下流行的编程方法,也是 X DevAPI 的特点。

RowResult 对象是一种结果集,其中包含返回的数据,但是如果要使用这些数据,则需要提取结果集。代码第⑥行的 fetchOne()函数提取一条数据。

上述代码运行结果如下:

```
Active code page: 65001
建立数据库会话.
－－－－－－ 提取一条数据 －－－－－－－－－－－－－
员工编号：7521
员工姓名：WARD
职务：SALESMAN
生日：1981－2－22
薪水：1250
部门：销售部
```

## 16.3.3　绑定参数

微课视频

SQL 语句中可以预留一些参数,在实际运行时再绑定这些参数。X DevAPI 提供了如下两种形式预留参数:

(1)匿名参数:使用"?"占位。

(2)命名参数:使用"＋参数名"占位。

示例代码如下:

```cpp
//16.3.3 绑定参数
#include <iostream>
#include <mysqlx/xdevapi.h>
#pragma execution_character_set("utf-8")         // 设置文件编码字符集

using namespace mysqlx;
using namespace std;


int main() {
    // 设置命令提示符字符集为 utf-8
    std::system("chcp 65001");

    try {
      // 建立数据库会话

      Session sess(SessionOption::HOST, "localhost",
        SessionOption::PORT, 33060,
        SessionOption::USER, "root",
        SessionOption::PWD, "12345");
```

```
    cout << "建立数据库会话." << endl;
    // 获得数据库对象
    Schema db = sess.getSchema("scott_db");
    // 访问存在的表
    Table empTable = db.getTable("emp");

    // 查询数据
    RowResult myResult = empTable
        .select("empno", "ename", "job", "hiredate", "sal", "DEPT")
        .where("ename like :name AND sal < :sal")      // 提供 where 子句      ①
        .bind("name", "J%")                            // 绑定 name 参数       ②
        .bind("sal", 3000)                             // 绑定 sal 参数        ③
        .execute();                                    // 执行 SQL 语句

    cout << " ------ 提取所有数据 -------------- " << endl;
    // 提取所有数据
    list<Row> rows = myResult.fetchAll();
    for (Row row : rows)
    {
        cout << "员工编号: " << row[0] << endl;
        cout << "员工姓名: " << row[1] << endl;
        cout << "职务: " << row[2] << endl;
        cout << "生日: " << row[3] << endl;
        cout << "薪水: " << row[4] << endl;
        cout << "部门: " << row[5] << endl;

    }
}

catch (const std::exception& e) {
    std::cerr << e.what() << '\n';
}
}
```

　　上述代码第①行调用 where() 函数过滤数据，其中“: name”和“: sal”是预留的参数，name 和 sal 是参数名。

　　代码第②行使用 bind() 函数绑定参数，其中 name 是参数名，"J%"是要绑定的参数值。

　　代码第③行也是使用 bind() 函数绑定参数，其中 sal 是参数名，3000 是要绑定的参数值。

## 16.3.4　事务管理

X DevAPI 会话对象可以实现事务管理，其中主要的事务管理函数如下：

（1）startTransaction()：开始事务函数。

（2）commitTransaction()：提交事务函数。

（3）rollbackTransaction()：回滚事务函数。

示例代码如下：

```cpp
//16.3.4 事务管理
#include <iostream>
#include <mysqlx/xdevapi.h>
#pragma execution_character_set("utf-8")   // 设置文件编码字符集

using namespace mysqlx;
using namespace std;

int main() {
    // 设置命令提示符字符集为 utf-8
    std::system("chcp 65001");

    // 建立数据库会话

    Session sess(SessionOption::HOST, "localhost",
        SessionOption::PORT, 33060,
        SessionOption::USER, "root",
        SessionOption::PWD, "12345");

    try {


        cout << "建立数据库会话." << endl;
        // 获得数据库对象
        Schema db = sess.getSchema("scott_db");
        // 访问存在的表
        Table empTable = db.getTable("emp");

        // 开始事务
        sess.startTransaction();                                    ①

        // 插入数据
        empTable.insert("empno", "ename", "job", "hiredate", "sal", "DEPT")    ②
            .values(8888,  "刘备", "经理","1981-2-20", 16000, "总经理办公室")   ③
            .execute();                                             ④
        // 提交事务
        sess.commit();                                              ⑤

        // 重新开始事务
        sess.startTransaction();                                    ⑥

        // 插入数据
        empTable.insert("empno", "ename", "job", "hiredate", "sal", "DEPT")
            .values(9999, "刘备 2", "经理 2", "1981-2-20", 16000, "总经理办公室")
            .execute();                                             ⑦
```

```
    // 回滚事务
    sess.rollback();                                              ⑧
  }

  catch (const Error& err) {
    cerr << err.what() << endl;
  }
}
```

上述代码第①行开始事务。

代码第②行通过 empTable 对象的 insert() 函数插入数据,该函数的参数是要插入的字段列表。

代码第③行 values() 函数中提供要插入的数据。

代码第④行通过 execute() 函数执行 SQL 语句插入数据。

代码第⑤行提交事务。

代码第⑥行重新开始一个事务。

代码第⑦行重新再插入一条数据。

代码第⑧行回滚事务。

上述示例代码运行后,8888 的数据被插入数据库,而 9999 的数据却没有被插入,因为这条数据被回滚了。

# 16.4　案例：员工表增、删、改、查操作

数据库增、删、改、查操作,即对数据库表中的数据进行新增、删除、修改和查询,简称 CRUD 操作。本节通过一个案例帮助读者熟悉如何通过 C++ 语言实现数据库表的增、删、改、查操作。

## 16.4.1　创建员工表

首先在 scott_db 数据库中创建员工(emp)表,如表 16-1 所示。

表 16-1　员工表

| 字 段 名 | 类　　型 | 是否可以为 Null | 主　　键 | 说　　明 |
| --- | --- | --- | --- | --- |
| EMPNO | int | 否 | 是 | 员工编号 |
| ENAME | varchar(10) | 否 | 否 | 员工姓名 |
| JOB | varchar(9) | 是 | 否 | 职位 |
| HIREDATE | char(10) | 是 | 否 | 入职日期 |
| SAL | float | 是 | 否 | 工资 |
| DEPT | varchar(10) | 是 | 否 | 所在部门 |

创建员工表的数据库脚本 createdb.sql 文件内容如下：

```
--   创建员工表

create table EMP
(
    EMPNO                   int not null,    -- 员工编号
    ENAME                   varchar(10),     -- 员工姓名
    JOB                     varchar(9),      -- 职位
    HIREDATE                char(10),        -- 入职日期
    SAL                     float,           -- 工资
    DEPT                    varchar(10),     -- 所在部门
    primary key (EMPNO)
);
```

对员工表的查询操作已经在 16.3.3 节介绍过了，接下来重点介绍员工表的插入、更新和删除操作。

## 16.4.2  插入员工数据

在员工表中插入员工数据需要进行事务管理，示例代码如下：

微课视频

```cpp
//16.4.2 插入员工数据

#include <iostream>
#include <mysqlx/xdevapi.h>
#pragma execution_character_set("utf-8") // 设置文件编码字符集

using namespace mysqlx;
using namespace std;

int main() {
    // 设置命令提示符字符集为 utf-8
    std::system("chcp 65001");

    // 建立数据库会话

    Session sess(SessionOption::HOST, "localhost",
      SessionOption::PORT, 33060,
      SessionOption::USER, "root",
      SessionOption::PWD, "12345");

  try {


        cout << "建立数据库会话." << endl;
        // 获得数据库对象
        Schema db = sess.getSchema("scott_db");
```

```cpp
    // 访问存在的表
    Table empTable = db.getTable("emp");

    // 开始事务
    sess.startTransaction();
    // 插入数据
    empTable.insert("empno", "ename", "job", "hiredate", "sal", "dept")    ①
      .values(8000, "刘备", "经理", "1981-2-20", 16000, "总经理办公室")
      .execute();
    // 提交事务
    sess.commit();                                                          ②
    cout << "插入数据成功." << endl;
  }
  catch (const Error& err) {
    cerr << err.what() << endl;
    // 回滚事务
    sess.rollback();                                                        ③
  }
}
```

上述代码第①行插入数据，代码第②行提交事务，代码第③行执行失败回滚事务。

## 16.4.3  更新员工数据

更新员工数据通过 Table 对象的 update() 函数实现，相关代码如下：

```cpp
// 16.4.3 更新员工数据

#include <iostream>
#include <mysqlx/xdevapi.h>
#pragma execution_character_set("utf-8") // 设置文件编码字符集

using namespace mysqlx;
using namespace std;

int main() {
    // 设置命令提示符字符集为 utf-8
    std::system("chcp 65001");

    // 建立数据库会话

    Session sess(SessionOption::HOST, "localhost",
      SessionOption::PORT, 33060,
      SessionOption::USER, "root",
      SessionOption::PWD, "12345");

    try {
```

```
        cout << "建立数据库会话." << endl;
        // 获得数据库对象
        Schema db = sess.getSchema("scott_db");
        // 访问存在的表
        Table empTable = db.getTable("emp");

        // 开始事务
        sess.startTransaction();
        // 更新数据
        empTable.update()                              ①
            .set("ename","诸葛亮")                      ②
            .set("job","军师")
            .set("hiredate","1981 - 2 - 20")
            .set("sal", 8600)
            .set("dept","参谋部")
            .where("EMPNO = :enpno")                    ③
            .bind("enpno", 8000)                        ④
            .execute();                                 ⑤
        // 提交事务                                      ⑥
        sess.commit();
        cout << "更新数据成功." << endl;
    }
    catch (const Error& err) {
        cerr << err.what() << endl;
        // 回滚事务
        sess.rollback();
    }
}
```

上述代码第①行调用 empTable 对象的 update() 函数更新数据。

代码第②～③行通过 set() 函数设置要更新的字段值,该函数的第 1 个参数是字段名,第 2 个参数是要更新的值。

代码第④行设置更新条件,其中 enpno 是参数名。

代码第⑤行绑定参数。

代码第⑥行执行更新操作。

## 16.4.4 删除员工数据

删除员工数据是使用 Table 对象的 remove() 函数实现的,相关代码如下:

```
// 16.4.4 删除员工数据

# include < iostream >
# include < mysqlx/xdevapi.h >
# pragma execution_character_set("utf - 8") // 设置文件编码字符集

using namespace mysqlx;
using namespace std;
```

```cpp
int main() {
    // 设置命令提示符字符集为 utf - 8
    std::system("chcp 65001");

    // 建立数据库会话

    Session sess(SessionOption::HOST, "localhost",
        SessionOption::PORT, 33060,
        SessionOption::USER, "root",
        SessionOption::PWD, "12345");

    try {

        cout << "建立数据库会话." << endl;
        // 获得数据库对象
        Schema db = sess.getSchema("scott_db");
        // 访问存在的表
        Table empTable = db.getTable("emp");

        // 开始事务
        sess.startTransaction();
        // 删除数据
        empTable.remove()                        ①
            .where("EMPNO = :enpno")             ②
            .bind("enpno", 8000)                 ③
            .execute();                          ④
        // 提交事务
        sess.commit();
        cout << "删除数据成功." << endl;
    }
    catch (const Error& err) {
        cerr << err.what() << endl;
        // 回滚事务
        sess.rollback();
    }
}
```

上述代码第①行调用 empTable 对象的 remove()函数删除数据。

代码第②行设置删除条件，其中 enpno 是参数名。

代码第③行绑定参数。

代码第④行执行删除操作。

# 16.5 动手练一练

编程题

设计一个包含若干字段的学生表，然后编写 C++程序，对学生表实现增、删、改和查操作。

# 第 17 章

# wxWidgets 图形界面
# 应用程序开发

图形界面应用程序开发对计算机语言非常重要,本章介绍图形界面应用程序开发。

## 17.1 C++图形界面应用程序开发概述

微课视频

C++的图形界面应用程序开发库有很多,常用的有如下几个:

(1) Qt:是一个跨平台的 C++应用程序开发框架,广泛应用于开发 GUI(图像用户界面)程式,可用于开发 Windows、Linux、macOS 等系统的应用程序,也可用于开发移动平台的 GUI 应用程序。

(2) MFC:是微软公司提供的类库,不支持跨平台,只能用于开发 Windows 系统的应用程序。

(3) .NET Framework:是微软公司提供的开发平台,目前主要用于 Windows 系统的应用程序开发,可以开发 Windows 窗口的应用程序。

(4) wxWidgets:是跨平台的 C++GUI 框架,可用于开发 Windows、Linux、macOS 等系统的应用程序。本书推荐使用 wxWidgets。

微课视频

## 17.2　开发 wxWidgets 程序前的准备工作

在编写 wxWidgets 程序之前，还有些准备工作要做，本节介绍这些准备工作。

### 17.2.1　下载 wxWidgets

首先，需要下载 wxWidgets。打开 wxWidgets 官网，如图 17-1 所示，在此可以下载源代码或编译好的二进制文件，本书介绍下载源代码的方式。

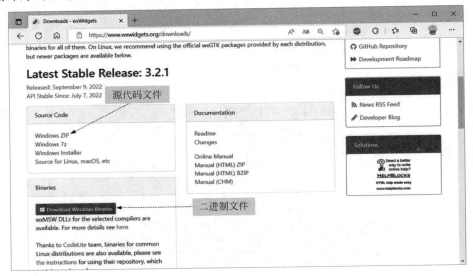

图 17-1　wxWidgets 官网

### 17.2.2　编译 wxWidgets 源代码

源代码压缩包下载完成后，需要将其全部解压到一个目录下，如图 17-2 所示。

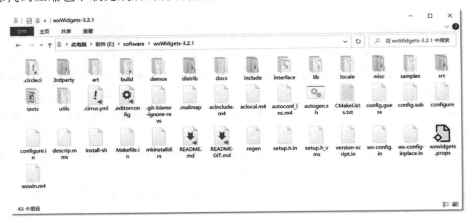

图 17-2　wxWidgets 解压目录

在解压目录下找到 build/msw 目录下的 wx_vc17.sln 文件,该文件是 wxWidgets 的源代码解决方案文件(.sln),如图 17-3 所示。

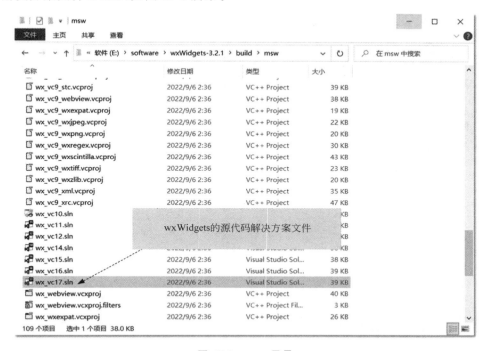

图 17-3 msw 目录

**提示** wx_vc17.sln 对应 Visual Studio 2022 版本,读者要根据自己的 Visual Studio 版本选择对应的解决方案文件。

双击 wx_vc17.sln 文件,将通过 Visual Studio 打开该文件,然后选择"生成"→"解决方案"命令,编译 wxWidgets 的源代码,如图 17-4 所示。

**注意** 如果计算机性能较差,则编译时间会较长。编译完成后会在 build/msw 目录下生成一个 vc_x64_mswud 目录,如图 17-5 所示。

## 17.2.3 配置 wxWidgets 系统环境变量

为了使用编译后的 wxWidgets,还需要配置系统环境变量。

首先需要打开"系统属性"对话框。打开该对话框有多种方式,如果是 Windows 10 系统,则打开步骤是:在桌面右击"此电脑"图标,在弹出的快捷菜单中选择"属性"命令,将弹出如图 17-6 所示的"设置"对话框,单击对话框右侧的"高级系统设置"超链接,打开如图 17-7 所示的"系统属性"对话框。

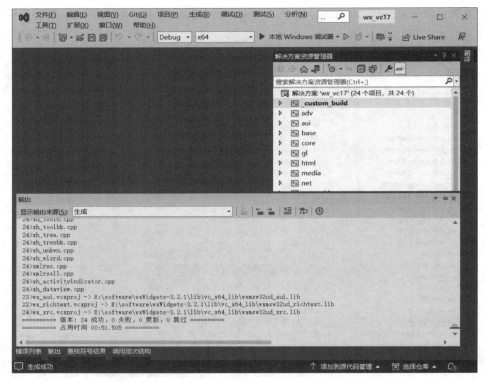

图 17-4　编译 wxWidgets

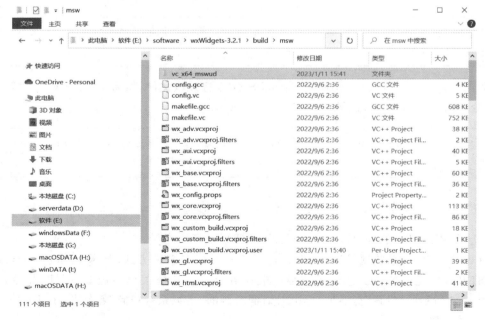

图 17-5　生成 vc_x64_mswud 目录

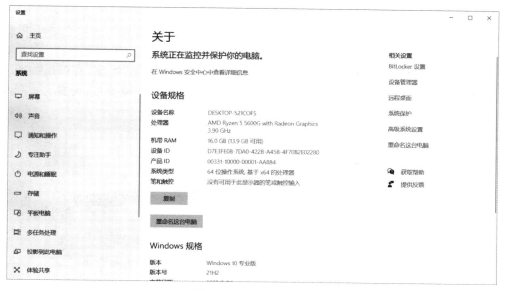

图 17-6　"设置"对话框

图 17-7　"系统属性"对话框

选择"高级"选项卡，单击"环境变量"按钮打开"环境变量"对话框，如图 17-8 所示，可以在"＊＊的用户变量"（"＊＊"为用户名，此处指 tony）选项组（只配置当前用户的环境变量）或"系统变量"选项组（配置所有用户的环境变量）添加环境变量。一般情况下，在"＊＊的用户变量"选项组中设置环境变量即可，如图 17-8 所示。单击"新建"按钮，将弹出如图 17-9所示的"新建用户变量"对话框，按照图 17-9 所示设置 WXWIN 环境变量，设置完成后单击"确定"按钮关闭对话框。

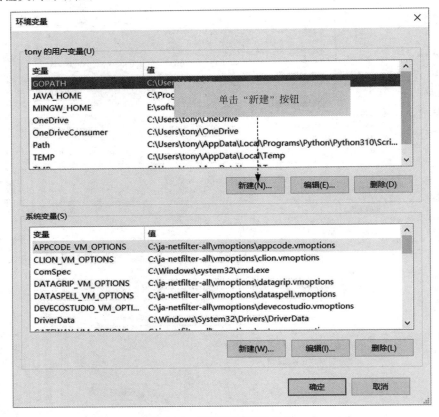

图 17-8 "环境变量"对话框

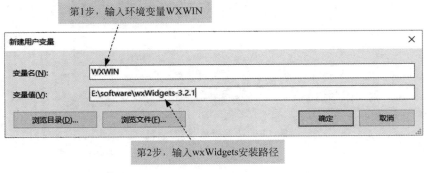

图 17-9 "新建用户变量"对话框

微课视频

# 17.3 创建第一个 wxWidgets 程序

下面介绍如何在 Visual Studio 中创建 wxWidgets 程序。

## 17.3.1 创建项目

首先创建 Visual Studio 项目。启动 Visual Studio,在弹出的"创建新项目"窗口中选择 "Windows 桌面应用程序"项目模板,如图 17-10 所示。

图 17-10 选择"Windows 桌面应用程序"项目模板

选择好项目模板后,单击"下一步"按钮,打开"配置新项目"对话框,如图 17-11 所示。

配置完成后,单击"创建"按钮创建项目 HellowxWidgets,然后删除不用的文件,如图 17-12 所示。

## 17.3.2 设置项目

项目创建完成后,还需要进行一些设置,这样才能在项目中使用 wxWidgets,设置步骤如下。

### 1. 设置附加包含目录

在图 17-12 所示的界面中右击创建的项目 HellowxWidgets,打开"HellowxWidgets 属性页"对话框,如图 17-13 所示,设置附加包含目录如下,然后单击"确定"按钮完成设置。

```
$(WXWIN)/include/msvc; $(WXWIN)/include
```

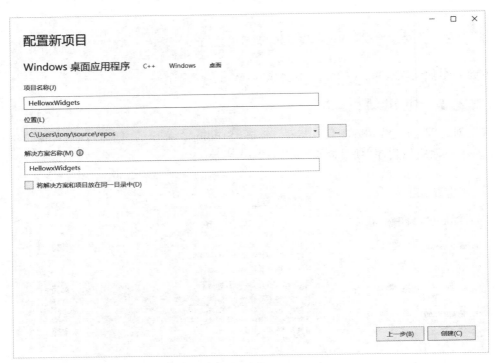

图 17-11　"配置新项目"对话框

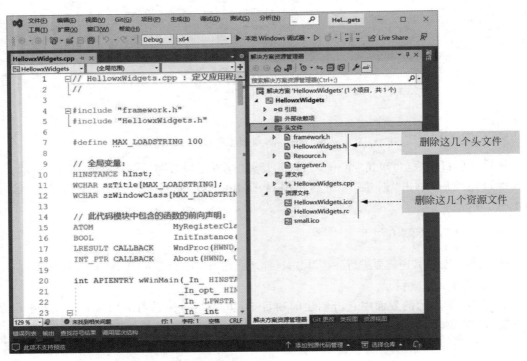

图 17-12　创建新项目 HellowxWidgets 并删除不用的文件

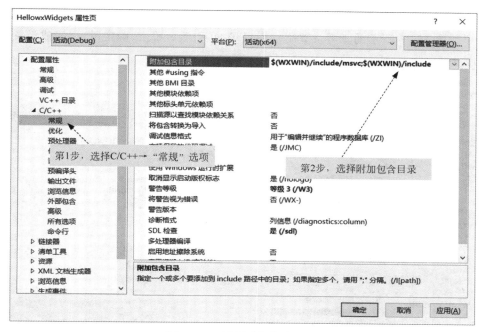

图 17-13　设置附加包含目录

## 2. 设置预处理器

按照如图 17-14 所示的步骤设置预处理器定义,然后单击"确定"按钮完成设置。

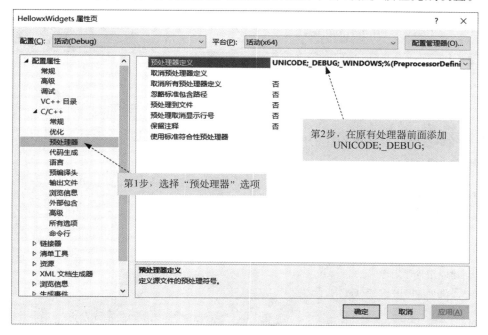

图 17-14　设置预处理器定义

### 3. 设置附加库目录

按照如图 17-15 所示的步骤设置附加库目录如下，然后单击"确定"按钮完成设置。

```
$ (WXWIN)\lib\vc_x64_lib
```

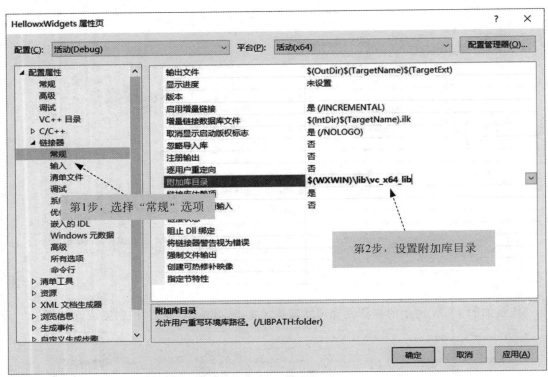

图 17-15　设置附加库目录

微课视频

## 17.3.3　编写代码

项目设置完成后修改源文件 HellowxWidgets.cpp 代码如下：

```
//17.3.3 编写代码

# include "wx/wxprec.h"
# ifndef WX_PRECOMP
# include "wx/wx.h"                                            ①
# endif

// 创建应用程序对象
class MyApp : public wxApp                                     ②
{
public:
        virtual bool OnInit() wxOVERRIDE;                      ③
```

```
};

// 定义窗体类
class MyFrame : public wxFrame {                                        ④
public:
    // 声明构造函数
    MyFrame(const wxString& title);
};

// 创建应用程序对象
wxIMPLEMENT_APP(MyApp);


// 应用程序初始化函数
bool MyApp::OnInit() {                                                   ⑤
    if (!wxApp::OnInit())
      return false;                                                      ⑥

    // 创建应用程序窗口
    MyFrame * frame = new MyFrame("第一个 wxWidgets 程序");             ⑦
    //设置窗口大小
    frame->SetSize(500, 300);
    //显示窗口
    frame->Show(true);
    return true;                                                         ⑧
}

// 构造函数
MyFrame::MyFrame(const wxString& title) : wxFrame(NULL, wxID_ANY, title) {   ⑨
}
```

上述代码第①行包含 Widgets 头文件。

代码第 ② 行的 MyApp 是自定义应用程序类，它需要继承由 Widgets 提供的 wxApp 类。

代码第③行声明虚函数，wxOVERRIDE 是声明重写父类的虚函数。

代码第④行的 MyFrame 是自定义的窗口类，它继承自 wxFrame 类。

代码第⑤行的 OnInit()函数用于初始化应用程序。

代码第⑥行返回 false 表明，如果应用发生错误，则中断程序。

代码第⑦行创建应用窗口对象。

代码第⑧行返回 true，表明开始执行应用程序。

代码第⑨行设置窗口 ID 为 wxID_ANY，表示由系统自动分配窗口 ID。

上述示例代码运行结果如图 17-16 所示。

图 17-16　示例代码运行结果

微课视频

## 17.3.4　重构代码

所有代码都在一个 HellowxWidgets.cpp 文件中编写，这样该文件中的代码量会很大，不方便维护和管理。可以把 MyFrame 类的声明和定义从 HellowxWidgets.cpp 中提炼出来，分别放到源文件和头文件中。具体实现过程如下。

### 1. 添加头文件

首先，需要在 Visual Studio 项目中右击项目 HellowxWidgets，在弹出的快捷菜单中选择"添加"→"新建项"命令，将弹出如图 17-17 所示的"添加新项-HellowxWidgets"对话框，按图中所示步骤选择完成后，单击"添加"按钮添加 MyFrame.h 头文件。

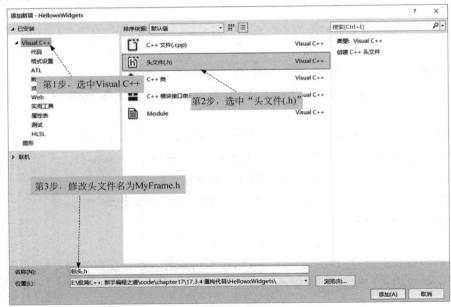

图 17-17　添加头文件

## 2. 添加源文件

添加完头文件后,还需要添加对应的源文件。按照如图 17-18 所示的步骤添加源代码文件 MyFrame.cpp。

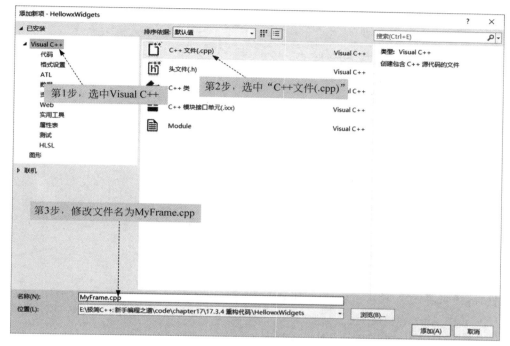

图 17-18　添加源代码文件

添加完头文件和源文件后,需要修改代码。

首先,修改头文件 MyFrame.h 代码如下:

```
//17.3.4-1 重构代码-修改头文件
// 代码文件\HellowxWidgets\MyFrame.h
//

# include "wx/wxprec.h"
# ifndef WX_PRECOMP
# include "wx/wx.h"
# endif

// 定义 MyFrame 类
class MyFrame : public wxFrame
{
public:
    // 声明构造函数
    MyFrame();
    // 声明析构函数
    ～MyFrame();
```

```
};
```

```
//优化代码
// 代码文件\HellowxWidgets\MyFrame.h
//

# include "wx/wxprec.h"
# ifndef WX_PRECOMP
# include "wx/wx.h"
# endif

// 定义 MyFrame 类
class MyFrame : public wxFrame {
public:
        // 声明构造函数
        MyFrame();
        // 声明析构函数
        ~MyFrame();
};
```

然后，修改源代码 MyFrame.cpp 如下：

```
//17.3.4-2 重构代码-修改源文件
// 代码文件\HellowxWidgets\MyFrame.cpp
//

# include "MyFrame.h"
// 定义构造函数
MyFrame::MyFrame() : wxFrame(NULL, wxID_ANY, "第一个 wxWidgets 程序") {

}

// 定义析构函数
MyFrame::~MyFrame()
{}
```

最后修改 HellowxWidgets.cpp 文件代码如下：

```
//17.3.4-3 重构代码-修改 HellowxWidgets.cpp 文件

# include "wx/wxprec.h"
# ifndef WX_PRECOMP
# include "wx/wx.h"
# endif
# include  "MyFrame.h"

// 创建应用程序对象
```

```
class MyApp : public wxApp {
public:
    virtual bool OnInit() wxOVERRIDE;
};


// 创建应用程序对象
wxIMPLEMENT_APP(MyApp);


// 应用程序初始化函数
bool MyApp::OnInit() {
    if (!wxApp::OnInit())
      return false;

    MyFrame * frame = new MyFrame();         ①
    //设置窗口大小
    frame->SetSize(500, 300);
    // 设置窗口屏幕居中
    frame->Centre();
    //显示窗口
    frame->Show(true);
    return true;
}
```

上述代码第①行创建自定义的窗口 MyFrame 类。示例代码运行结果如图 17-16 所示。

# 17.4　将控件添加到窗口

微课视频

创建按钮等控件时,可以指定它的父容器,通过这种方法可以将控件添加到窗口中。

如图 17-19 所示的窗口中有一个按钮和一个标签(静态文本),除了这两个控件外,事实上还有一个面板(Panel)控件,它是一个容器,按钮和标签是放到这个面板容器中的。

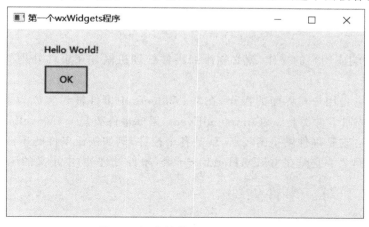

图 17-19　将控件添加到窗口示例

示例实现文件 MyFrame.cpp 代码如下：

```
//17.4 将控件添加到窗口
// 代码文件\HellowxWidgets\MyFrame.cpp
//

# include "MyFrame.h"
// 定义构造函数
MyFrame::MyFrame() : wxFrame(NULL, wxID_ANY, "第一个 wxWidgets 程序") {
        //创建面板容器,它的父容器是窗口 MyFrame 对象
        wxPanel * panel = new wxPanel(this);                              ①
        //创建标签,它的父容器是面板容器 panel 对象
        wxStaticText * text = new wxStaticText(panel,
          wxID_ANY, "Hello World!", wxPoint(50, 20));                    ②
        //创建按钮
        wxButton * button = new wxButton(panel,
          wxID_ANY, "OK", wxPoint(50, 50), wxSize(60, 40));              ③

}

// 定义析构函数
MyFrame::~MyFrame()
{ }
```

上述代码第①行创建面板 wxPanel 对象,构造函数的第 1 个参数指定该对象的父容器,this 表明它的父容器是当前窗口对象。

代码第②行创建静态文本对象 wxStaticText,用来显示文本信息,也就是标签,其中 wxPoint(50,20)语句指定控件的位置。

代码第③行创建按钮对象,其中 wxPoint(50,20)语句指定控件的位置,而 wxSize(60,40)语句指定控件的大小。

上述示例代码运行结果这里不做赘述。

## 17.5　事件处理

为了让控件响应用户的操作,就必须添加事件处理机制。在事件处理的过程中涉及以下 3 个要素：

(1) 事件：它是用户对界面的操作,在 wxWidgets 中事件被封装成为事件类 wxEvent 及其子类,例如按钮事件类是 wxCommandEvent,鼠标事件类是 wxMoveEvent。

(2) 事件源：它是事件发生的场所,就是各个控件,例如按钮事件的事件源是按钮。

(3) 事件处理者：它是在 wxEvtHandler 子类(事件处理类)中定义的函数。

### 17.5.1　一对一事件处理

一对一事件处理,即一个控件对应一个事件处理函数。下面通过一个示例介绍一对一

微课视频

事件处理。如图 17-20 所示，窗口中有一个按钮和一个标签，单击 OK 按钮会改变标签文本。

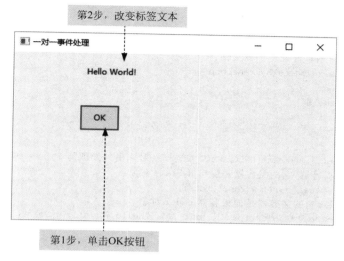

图 17-20　一对一事件处理示例

示例头文件 MyFrame.h 代码如下：

```
//17.5.1－1 一对一事件处理－头文件
//代码文件 HellowxWidgets\MyFrame.h
# include "wx/wxprec.h"
# ifndef WX_PRECOMP
# include "wx/wx.h"
# endif

using namespace std;

// 定义 MyFrame 类
class MyFrame : public wxFrame
{

private:
    //声明控件
    wxStaticText *  text;                                    ①
    wxButton *  button;                                      ②

public:
    // 声明构造函数
    MyFrame();
    void OnClick(wxCommandEvent& event);                     ③
    // 声明析构函数
    ~MyFrame();

};
```

上述代码第①行声明标签控件(静态文本)。

代码第②行声明按钮控件。

代码第③行声明事件处理函数。

示例源文件 MyFrame.cpp 代码如下：

```
//17.5.1-2 一对一事件处理-源文件
//代码文件 HellowxWidgets\MyFrame.cpp


# include "MyFrame.h"



// 定义构造函数
MyFrame::MyFrame() : wxFrame(NULL, wxID_ANY, "一对一事件处理") {
        //创建面板容器,它的父容器是窗口 MyFrame 对象
        wxPanel * panel = new wxPanel(this);
        //创建标签,它的父容器是面板容器 panel 对象
        text = new wxStaticText(panel, wxID_ANY, "Hello World!", wxPoint(110, 20));
        //创建按钮
        button = new wxButton(panel, wxID_ANY, "OK", wxPoint(100, 80), wxSize(60, 40));    ①

        button -> Bind(wxEVT_BUTTON, &MyFrame::OnClick, this);                              ②

}
//事件处理函数
void MyFrame::OnClick(wxCommandEvent& event) {                                             ③
        text -> SetLabel("世界,您好!");
};

// 定义析构函数
MyFrame::~MyFrame() {
    // 解除事件绑定
    button -> Unbind(wxEVT_BUTTON, &MyFrame::OnClick, this);                                ④

};
```

上述代码第①行实例化按钮对象。

代码第②行将按钮的单击事件与处理函数 OnClick 绑定。

代码第③行是事件处理函数。

代码第④行在析构函数中解除事件绑定。

## 17.5.2　一对多事件处理

如果多个按钮处理的事件类似,可以改为使用一个函数处理这些事件。

本节通过示例介绍一对多事件处理。如图 17-21 所示,窗口中有两个按钮和一个标签,单击 Button1 或 Button2 按钮会改变标签文本。

示例代码头文件比较简单,这里不做赘述。源代码文件 MyFrame.cpp 代码如下：

```
//17.5.2 一对多事件处理
```

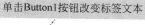

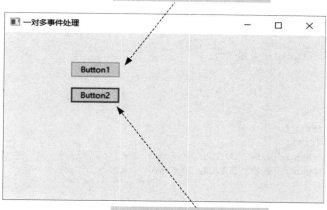

图 17-21　一对多事件处理示例

```cpp
//代码文件 HellowxWidgets\MyFrame.cpp
#include "MyFrame.h"

//定义 Button1 的 ID 常量
const int BUTTON1_ID = 9000;
//定义 Button2 的 ID 常量
const int BUTTON2_ID = 800;

// 定义构造函数
MyFrame::MyFrame() : wxFrame(NULL, wxID_ANY, "一对多事件处理") {
    //创建面板容器,它的父容器是窗口 MyFrame 对象
    wxPanel * panel = new wxPanel(this);
    //创建标签,它的父容器是面板容器 panel 对象
    text = new wxStaticText(panel, wxID_ANY, "Hello World!", wxPoint(110, 20));
    //创建按钮 1
    button1 = new wxButton(panel, BUTTON1_ID, "Button1", wxPoint(100, 45));
    ////创建按钮 2
    button2 = new wxButton(panel, BUTTON2_ID, "Button2", wxPoint(100, 85));
    // 绑定按钮事件
    button1 -> Bind(wxEVT_BUTTON, &MyFrame::OnClick, this);
    button2 -> Bind(wxEVT_BUTTON, &MyFrame::OnClick, this);
}
//事件处理函数
void MyFrame::OnClick(wxCommandEvent& event)                          ①
{
    //获得事件 id
    int event_id = event.GetId();                                     ②
    switch (event_id) {
    case  BUTTON1_ID:
      text -> SetLabel("Button1 单击");
```

```
        break;
      case  BUTTON2_ID:
        text -> SetLabel("Button2 单击");
        break;
      default:
        text -> SetLabel("未知...");
      }
  };

  // 定义析构函数
  MyFrame::~MyFrame() {
      // 解除事件绑定
      button1 -> Unbind(wxEVT_BUTTON, &MyFrame::OnClick, this);
      button2 -> Unbind(wxEVT_BUTTON, &MyFrame::OnClick, this);

  };
```

上述代码第①行是事件处理函数,两个按钮共用该事件处理函数。

代码第②行获得事件 id,然后再根据事件 id 判断是哪一个按钮被单击。

## 17.6  布局管理

窗口中可能会有很多控件,它们的位置、大小和摆放顺序等就是布局。之前的示例中控件的大小和位置都是采用绝对值表示,例如下面的代码中的 wxPoint(100,45)就是指定控件的位置 100 和 45 是绝对值:

```
button1 = new wxButton(panel, BUTTON1_ID, "Button1", wxPoint(100, 45));
```

这种布局管理方式称为绝对布局方式。

采用绝对布局方式会有很多问题,总结如下:

(1) 子窗口(或控件)位置和大小不会随着父窗口的变化而变化。

(2) 在不同平台上显示效果可能差别很大。

(3) 在不同分辨率下显示效果可能差别很大。

(4) 字体的变化对显示效果没有影响。

(5) 动态添加或删除子窗口(或控件)后,界面布局需要重新设计。

基于以上原因,布局管理尽量不要采用绝对布局方式,而应使用布局管理器。wxWidgets 提供了 8 个布局管理器类,它们的根类是 wxSizer,其中常用的有 wxBoxSizer(盒子布局管理器类)和 wxGridSizer(网格布局管理器类)。

### 17.6.1  盒子布局管理器类

微课视频

盒子布局管理器类是 wxBoxSizer,它可以让其中的子窗口(或控件)沿垂直或水平方向布局。

下面通过一个示例介绍盒子布局管理器类。如图 17-22 所示,窗口中从左到右水平摆放三个按钮控件,单击不同的按钮会在状态栏中输出相应的信息。

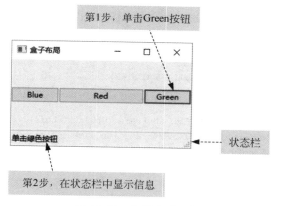

图 17-22　盒子布局示例

示例代码头文件比较简单,这里不做赘述,重点介绍源代码文件 MyFrame.cpp,代码
如下:

```
//17.6.1 盒子布局管理器类
//
//代码文件 HellowxWidgets\MyFrame.cpp

# include "MyFrame.h"

//定义 buttonBlue 的 ID 常量
const int BUTTON_BLUE_ID = 2;
//定义 buttonRed 的 ID 常量
const int BUTTON_RED_ID = 4;
//定义 buttonGreen 的 ID 常量
const int BUTTON_GREEN_ID = 7;

// 定义构造函数
MyFrame::MyFrame() : wxFrame(NULL, wxID_ANY, "盒子布局") {
        //创建水平方向盒子布局管理对象
        wxBoxSizer * hbox = new wxBoxSizer(wxHORIZONTAL);            ①
        //创建面板容器
        wxPanel * panel = new wxPanel(this);
        //设置面板容器的布局为水平盒子布局
        panel -> SetSizer(hbox);

        //创建 buttonBlue 按钮
        buttonBlue = new wxButton(panel, BUTTON_BLUE_ID, "Blue");
        //创建 buttonRed 按钮
        buttonRed = new wxButton(panel, BUTTON_RED_ID, "Red");
        //创建 buttonGreen 按钮
        buttonGreen = new wxButton(panel, BUTTON_GREEN_ID, "Green");
        //创建状态栏对象
        statusBar = this -> CreateStatusBar(1, wxSTB_DEFAULT_STYLE, wxID_ANY);   ②
```

```
        //添加 buttonBlue 按钮到 hbox
        hbox -> Add(buttonBlue, 1, wxALIGN_CENTER);                    ③
        //添加 buttonRed 按钮到 hbox
        hbox -> Add(buttonRed, 2, wxALIGN_CENTER);                     ④
        //添加 bbuttonGreen 按钮到 hbox
        hbox -> Add(buttonGreen, 1, wxALIGN_CENTER);                   ⑤

        // 绑定按钮事件
        buttonBlue -> Bind(wxEVT_BUTTON, &MyFrame::OnClick, this);
        buttonRed -> Bind(wxEVT_BUTTON, &MyFrame::OnClick, this);
        buttonGreen -> Bind(wxEVT_BUTTON, &MyFrame::OnClick, this);

    }

    //事件处理函数
    void MyFrame::OnClick(wxCommandEvent& event) {
        //获得事件 id
        int event_id = event.GetId();
        switch (event_id) {
        case  BUTTON_BLUE_ID:
          statusBar -> SetStatusText("单击蓝色按钮");
          break;
        case  BUTTON_RED_ID:
          statusBar -> SetStatusText("单击红色按钮");
          break;
        case  BUTTON_GREEN_ID:
          statusBar -> SetStatusText("单击绿色按钮");
          break;
        default:
          statusBar -> SetStatusText("未知...");
        }
    }

    // 定义析构函数
    MyFrame::~MyFrame() {
        // 解除事件绑定
        buttonBlue -> Unbind(wxEVT_BUTTON, &MyFrame::OnClick, this);
        buttonRed -> Unbind(wxEVT_BUTTON, &MyFrame::OnClick, this);
        buttonGreen -> Unbind(wxEVT_BUTTON, &MyFrame::OnClick, this);

    };
```

代码第①行创建盒子布局管理对象，其中 wxHORIZONTAL 参数用于设置水平摆放控件；如需设置垂直摆放控件，则需使用参数 wxVERTICAL。

代码第②行创建状态栏对象，其中参数 1 用于设置状态栏包含字段个数，参数 wxSTB_DEFAULT_STYLE 用于设置状态栏风格。

代码第③行添加 buttonBlue 控件到 hbox 布局管理器，其中参数 1 用于设置控件占用空间比例；参数 wxALIGN_CENTER 用于设置布局标志,该标志设置控件水平方向和垂直方向同时居中。

图 17-23　控件占用空间的情况

代码第④行添加 buttonRed 控件到 hbox 布局管理器,占比空间参数设置为 2。

代码第⑤行添加 buttonGreen 控件到 hbox 布局管理器,占比空间参数设置为 1。

由于 buttonBlue 控件的占比空间设置为 1,buttonRed 控件的占比空间设置为 2,buttonGreen 控件的占比空间设置为 1,这三个控件占用空间的情况如图 17-23 所示。

布局标志可用于管理控件的对齐、边框和尺寸等,下面重点介绍对齐标志,如表 17-1 所示。

表 17-1　对齐标志

| 标　　志 | 说　　明 | 标　　志 | 说　　明 |
|---|---|---|---|
| wxALIGN_TOP | 顶对齐 | wxALIGN_CENTER | 居中对齐 |
| wxALIGN_BOTTOM | 底对齐 | wxALIGN_CENTER_VERTICAL | 垂直居中对齐 |
| wxALIGN_LEFT | 左对齐 | wxALIGN_CENTER_HORIZONTAL | 水平居中对齐 |
| wxALIGN_RIGHT | 右对齐 | | |

重新设置布局标志,主要代码如下:

```
//添加 buttonBlue 控件到 hbox
hbox->Add(buttonBlue, 1, wxALIGN_TOP);
//添加 buttonRed 控件到 hbox
hbox->Add(buttonRed, 2, wxALIGN_CENTER_VERTICAL);
//添加 buttonGreen 控件到 hbox
hbox->Add(buttonGreen, 1, wxALIGN_BOTTOM);
```

上述代码运行结果如图 17-24 所示。

图 17-24　重新设置布局标志代码运行结果

## 17.6.2　网格布局管理器类

微课视频

wxGridSizer(网格布局管理器类)是 wxWidgets 中的一个类,用于创建网格布局。它可以将控件按照行和列进行排列,并自动调整其大小以适应窗口的尺寸变化。

使用 wxGridSizer 时,需要指定行数和列数,然后添加要放置在网格中的控件。控件添加顺序是从第一行第一列开始逐行添加,当到达最后一列时,则移到下一行的第一列继续添加。当所有控件都添加完毕后,wxGridSizer 会根据所有控件的大小自动计算每个单元格的大小,并将控件放置在相应的位置上。

使用网格布局管理器类管理 4 个按钮的示例代码如下:

```
//17.6.2 网格布局管理器类
//
```

```cpp
//代码文件 HellowxWidgets\MyFrame.cpp

#include "MyFrame.h"

//定义 buttonBlue 的 ID 常量
const int BUTTON_BLUE_ID = 2;
//定义 buttonRed 的 ID 常量
const int BUTTON_RED_ID = 4;
//定义 buttonGreen 的 ID 常量
const int BUTTON_GREEN_ID = 7;
//定义 buttonYellow 的 ID 常量
static const int BUTTON_YELLOW_ID = 8;

// 定义构造函数
MyFrame::MyFrame() : wxFrame(NULL, wxID_ANY, "网格布局") {
    //创建网格布局管理对象
    wxGridSizer * gridSizer = new wxGridSizer(2, 2, 10, 10);       ①
    //创建面板容器
    wxPanel * panel = new wxPanel(this);
    //设置面板容器的布局为网格布局管理
    panel -> SetSizer(gridSizer);

    //创建 buttonBlue 按钮
    buttonBlue = new wxButton(panel, BUTTON_BLUE_ID, "Blue");
    //创建 buttonRed 按钮
    buttonRed = new wxButton(panel, BUTTON_RED_ID, "Red");
    //创建 buttonGreen 按钮
    buttonGreen = new wxButton(panel, BUTTON_GREEN_ID, "Green");
    buttonYellow = new wxButton(panel, BUTTON_YELLOW_ID, "Yellow");

    //添加 buttonBlue 按钮到 gridSizer
    gridSizer -> Add(buttonBlue, 0, wxALIGN_CENTER | wxALL, 5);
    //添加 buttonRed 按钮到 gridSizer
    gridSizer -> Add(buttonRed, 0, wxALIGN_CENTER | wxALL, 5);
    //添加 buttonGreen 按钮到 gridSizer
      //添加 buttonYellow 按钮到 gridSizer
    gridSizer -> Add(buttonGreen, 0, wxALIGN_CENTER | wxALL, 5);
    gridSizer -> Add(buttonYellow, 0, wxALIGN_CENTER | wxALL, 5);

}


// 定义析构函数
MyFrame::~MyFrame() {

};
```

上述代码第①行创建 gridSizer 对象,它包含 2 行和 2 列的网格,每个网格之间的水平间距和垂直间距分别为 10 像素。

上述示例代码运行结果如图 17-25 所示。

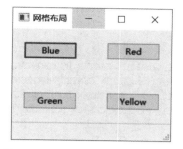

图 17-25 网格布局示例运行结果

# 17.7 常用控件

本节介绍常用控件,包括文本输入控件、列表框、下拉列表框和表格控件等。

## 17.7.1 文本输入控件

之前学习过的标签(静态文本)控件是文本输出控件,只能展示文本信息,如果需要输入文本信息,如登录窗口的用户和密码,则需使用文本输入控件,文本输入控件类是 wxTextCtrl。

示例窗口如图 17-26 所示,其中有两个标签和两个文本输入控件。

示例代码头文件比较简单,这里不做赘述。源文件 MyFrame.cpp 代码如下:

```
//17.7.1 文本输入控件
//
//代码文件 HellowxWidgets\MyFrame.cpp

# include "MyFrame.h"
```

图 17-26 文本输入控件示例

```
// 定义构造函数
MyFrame::MyFrame() : wxFrame(NULL, wxID_ANY, "文本输入控件") {
    //创建主布局管理对象
    wxBoxSizer * mainbox = new wxBoxSizer(wxVERTICAL);

    //创建面板容器
    wxPanel * panel = new wxPanel(this);
    //设置面板容器的布局为垂直盒子布局管理
    panel -> SetSizer(mainbox);

    //创建文本框
```

微课视频

```
        txtUserid = new wxTextCtrl(panel, wxID_ANY);                                    ①
        textPwd = new  wxTextCtrl(panel, wxID_ANY, wxEmptyString, wxDefaultPosition, wxDefaultSize,
    wxTE_PASSWORD);                                                                      ②
        //创建两个标签
        wxStaticText * label1 = new wxStaticText(panel, 0, "用户名: ");
        wxStaticText * label2 = new wxStaticText(panel, 0, "密码: ");


        mainbox -> Add(label1, 1, wxALIGN_CENTER_HORIZONTAL);
        mainbox -> Add(txtUserid, 1, wxALIGN_CENTER_HORIZONTAL);
        mainbox -> Add(label2, 1, wxALIGN_CENTER_HORIZONTAL);
        mainbox -> Add(textPwd, 1, wxALIGN_CENTER_HORIZONTAL);

        mainbox -> AddSpacer(20);                                                        ③


    }
```

上述代码第①行创建文本输入控件。

代码第②行创建文本输入控件，其中参数 wxEmptyString 用于设置文本输入框，是空的；参数 wxDefaultPosition 用于设置文本输入框位置；参数 wxDefaultSize 用于设置文本输入框大小；参数 wxTE_PASSWORD 用于设置文本输入框星号显示。

代码第③行添加 20 像素空间。

微课视频

### 17.7.2　列表框和下拉列表框

列表框和下拉列表框能够展示一个列表，以供用户选择。下拉列表框就是能够下拉的列表框，功能与列表框一样，但不会占太多空间。如果窗口中控件比较多，布局比较紧凑，一般会使用下拉列表框。

示例如图 17-27 所示，当用户选择列表框选项时，会将选择信息显示在状态栏第 1 个字段中；当用户选择下拉列表框选项时，会将选择信息显示在状态栏第 2 个字段中。

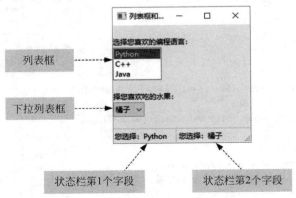

图 17-27　列表框和下拉列表框示例

示例代码头文件比较简单,这里不做赘述。源文件 MyFrame.cpp 代码如下:

```cpp
//17.7.2 列表框和下拉列表框
//
//代码文件 HellowxWidgets\MyFrame.cpp

# include "MyFrame.h"


// 定义构造函数
MyFrame::MyFrame() : wxFrame(NULL, wxID_ANY, "列表框和下拉列表框") {
        //创建主布局管理对象
        wxBoxSizer * mainbox = new wxBoxSizer(wxVERTICAL);
        //创建面板容器
        wxPanel * panel = new wxPanel(this);

        //设置面板容器的布局为垂直盒子布局管理
        panel->SetSizer(mainbox);

        wxStaticText * label1 = new  wxStaticText(panel, wxID_ANY, "选择您喜欢的编程语言: ");
        wxStaticText * label2 = new  wxStaticText(panel, wxID_ANY, "选择您喜欢吃的水果: ");

        wxString choices1[3] = { "Python", "C++", "Java" };                          ①
        wxString choices2[3] = { "苹果", "橘子", "香蕉" };                            ②

        listBox1 = new   wxListBox(panel, wxID_ANY, wxDefaultPosition, wxDefaultSize, 3,
choices1, wxLB_SINGLE);                                                              ③
        comboBox1 = new wxComboBox(panel, wxID_ANY, wxEmptyString, wxDefaultPosition,
wxDefaultSize, 3, choices2, wxCB_READONLY);                                          ④


        //创建状态栏对象
        statusBar = this->CreateStatusBar(2, wxSTB_DEFAULT_STYLE, wxID_ANY);


        //添加按钮到布局管理
        mainbox->AddSpacer(20);
        mainbox->Add(label1);
        mainbox->Add(listBox1);

        mainbox->AddSpacer(20);
        mainbox->Add(label2);
        mainbox->Add(comboBox1);

        // 绑定事件
        listBox1->Bind(wxEVT_LISTBOX, &MyFrame::ListBoxSelected, this);
        comboBox1->Bind(wxEVT_COMBOBOX, &MyFrame::OnComboSelected, this);

}
```

```
//wxListBox 事件处理函数
void MyFrame::ListBoxSelected(wxCommandEvent& event) {
        //获得事件 id
        int event_id = event.GetId();
        ////取出事件源对象
        wxListBox * listbox = (wxListBox * )event.GetEventObject();                    ⑤
        statusBar->SetStatusText("您选择: " + listbox->GetStringSelection(), 0);       ⑥
}


//wxComboBox 事件处理函数
void MyFrame::OnComboSelected(wxCommandEvent& event) {
        wxComboBox * listbox = (wxComboBox * )event.GetEventObject();
        statusBar->SetStatusText("您选择: " + listbox->GetStringSelection(), 1);
}


// 定义析构函数
MyFrame::~MyFrame() {
        // 解除事件绑定
        listBox1->Unbind(wxEVT_LISTBOX, &MyFrame::ListBoxSelected, this);
        comboBox1->Unbind(wxEVT_COMBOBOX, &MyFrame::OnComboSelected, this);

};
```

上述代码第①行为列表控件准备数据。

代码第②行为下拉列表控件准备数据。

代码第③行创建有 3 个选项的列表控件，其中参数 wxLB_SINGLE♯用于设置列表控件为单选按钮。

代码第④行创建下拉列表控件，参数 wxCB_READONLY♯用于将下拉列表控件中的数据设置为只读。

代码第⑤行获得事件源对象。

代码第⑥行中的 GetStringSelection()函数获得选中的选项内容。

## 17.7.3 表格控件

微课视频

如果有多行多列数据想要展示，可以使用表格(wxGrid)控件，它类似于 Excel 的电子表格。

示例如图 17-28 所示，在窗口中显示一个表格控件，其中显示图书信息，当选择一行数据时，会将相应的图书编号显示在状态栏中。

示例中头文件 MyFrame.h 代码如下：

```
//17.7.3-1 表格控件-头文件
//
//代码文件 HellowxWidgets\MyFrame.h
```

| | 书籍编号 | 书籍名称 书籍名称 | 作者 | 出版社 | 出版日期 | 库存数量 |
|---|---|---|---|---|---|---|
| 1 | 0036 | 高等数学 | 李放 | 人民邮电出版社 | 20000812 | 1 |
| 2 | 0004 | FLASH精选 | 刘扬 | 中国纺织出版社 | 19990312 | 2 |
| 3 | 0026 | 软件工程 | 牛田 | 经济科学出版社 | 20000328 | 4 |
| 4 | 0015 | 人工智能 | 周未 | 机械工业出版社 | 19991223 | 3 |
| 5 | 0037 | 南方周末 | 邓光明 | 南方出版社 | 20000923 | 3 |
| 6 | 0008 | 新概念3 | 余智 | 外语出版社 | 19990723 | 2 |
| 7 | 0019 | 通讯与网络 | 欧阳杰 | 机械工业出版社 | 20000517 | 1 |
| 8 | 0014 | 期货分析 | 孙宝 | 飞鸟出版社 | 19991122 | 3 |
| 9 | 0023 | 经济概论 | 思佳 | 北京大学出版社 | 20000819 | 3 |
| 10 | 0017 | 计算机理论基础 | 戴家 | 机械工业出版社 | 20000218 | 4 |
| 11 | 0002 | 汇编语言 | 李利光 | 北京大学出版社 | 19980318 | 2 |
| 12 | 0033 | 模拟电路 | 邓英才 | 电子工业出版社 | 20000527 | 2 |
| 13 | 0011 | 南方旅游 | 王爱国 | 南方出版社 | 19990930 | 2 |
| 14 | 0039 | 黑幕 | 李仪 | 华光出版社 | 20000508 | 14 |
| 15 | 0001 | 软件工程 | 戴国强 | 机械工业出版社 | 19980528 | 2 |
| 16 | 0034 | 集邮爱好者 | 李云 | 人民邮电出版社 | 20000630 | 1 |
| 17 | 0031 | 软件工程 | 戴志名 | 电子工业出版社 | 20000324 | 1 |
| 18 | 0030 | 数据库及应用 | 孙家萧 | 清华大学出版社 | 20000619 | 1 |
| 19 | 0024 | 经济与科学 | 毛波 | 经济科学出版社 | 20000923 | 2 |
| 20 | 0009 | 军事要闻 | 张强 | 解放军出版社 | 19990722 | 3 |
| 21 | 0003 | 计算机基础 | 王飞 | 经济科学出版社 | 19980218 | 1 |
| 22 | 0020 | 现代操作系统 | 王小国 | 机械工业出版社 | 20010128 | 1 |
| 23 | 0025 | 计算机体系结构 | 方丹 | 机械工业出版社 | 20000328 | 4 |
| 24 | 0010 | 大众生活 | 许阳 | 电子出版社 | 19990819 | 3 |

第1步，选中一行数据

您选择图书编号: 0030

第2步，在状态栏中显示选中的图书编号

图 17-28　表格控件示例

```
# include "wx/wxprec.h"
# ifndef WX_PRECOMP
# include "wx/wx.h"
# endif
//包含表格类
# include "wx/grid.h"
# include <string>

using namespace std;

// 定义 MyFrame 类
class MyFrame : public wxFrame
{

private:
    //声明控件
    wxGrid * table;
    wxStatusBar * statusBar;
    //创建表格
```
①

```
        void createTable();

public:
        // 声明构造函数
        MyFrame();

        //表格选择
        void gridSelected(wxGridEvent& event);

        // 声明析构函数
        ~MyFrame();

};
```

上述代码第①行包含该头文件，这是使用表格控件时需要的。

示例源文件 MyFrame.cpp 代码如下：

```
//17.7.3-2 表格控件-源文件
//
//代码文件 HellowxWidgets\MyFrame.cpp

# include "MyFrame.h"

const int ROW_NUM = 37;
const int COL_NUM = 6;
//声明表格标题
const string column_names[COL_NUM] = { "书籍编号", "书籍名称", "作者", "出版社", "出版日
期", "库存数量" };

//声明表格数据
const string DATAS[ROW_NUM][COL_NUM] = { {"0036", "高等数学", "李放", "人民邮电出版社",
"20000812", "1"},
        {"0004", "FLASH 精选", "刘扬", "中国纺织出版社", "19990312", "2"},
        ...
        {"0005", "java 基础", "王一", "电子工业出版社", "19990528", "3"},
        {"0032", "SQL 使用手册", "贺民", "电子工业出版社", "19990425", "2"} };


// 定义构造函数
MyFrame::MyFrame() : wxFrame(NULL, wxID_ANY, "表格控件") {
        //创建表格
        createTable();                                                                  ①
        //创建状态栏对象
        statusBar = this->CreateStatusBar(1, wxSTB_DEFAULT_STYLE, wxID_ANY);
};

//创建表格函数
void MyFrame::createTable() {

        wxSize sz = wxSize(800, 700);
```

```cpp
    //创建表格控件
    table = new wxGrid(this, wxID_ANY, wxDefaultPosition, sz);          ②
    //设置表格行数和列数
    table->CreateGrid(ROW_NUM, COL_NUM);

    // 设置列标题
      for (int col = 0; col < COL_NUM; col++) {
        table->SetColLabelValue(col, column_names[col]);
      }

      // 设置单元格数据
      for (int row = 0; row < ROW_NUM; row++) {
        for (int col = 0; col < COL_NUM; col++) {
          table->SetCellValue(row, col, DATAS[row][col]);
        }
      }
    //正常字体
     wxFont font1 = wxFont(10, wxFONTFAMILY_DEFAULT, wxFONTSTYLE_NORMAL, wxFONTWEIGHT_
NORMAL, false, ("微软雅黑"));
    //加粗字体
     wxFont font2 = wxFont(10, wxFONTFAMILY_DEFAULT, wxFONTSTYLE_NORMAL, wxFONTWEIGHT_
BOLD, false, ("微软雅黑"));

    //设置单元格默认字体
    table->SetDefaultCellFont(font1);
    // 设置行标题和列标题的默认字体
    table->SetLabelFont(font2);


    //设置行和列自定义调整
    table->AutoSize();
    //设置表格选择模式为行选择
    table->SetSelectionMode(wxGrid::wxGridSelectRows);

    // 选择单元格事件
    Bind(wxEVT_GRID_SELECT_CELL, &MyFrame::gridSelected, this);          ③

}
//表格事件处理函数
void MyFrame::gridSelected(wxGridEvent& event) {
    //获得选择行索引
    int rowidx = event.GetRow();
    statusBar->SetStatusText("您选择图书编号: " + DATAS[rowidx][0]);
}


// 定义析构函数
```

```
MyFrame::~MyFrame() {
    // 解除事件绑定
    Unbind(wxEVT_GRID_SELECT_CELL, &MyFrame::gridSelected, this);


};
```

上述代码第①行调用创建表格函数，创建表格。

代码第②行创建表格控件，其中 sz 是设置表格大小。

代码第③行绑定单元格选择事件，其中 wxEVT_GRID_SELECT_CELL 是单击选择事件。

# 动手练一练参考答案

第 1 章　直奔主题——编写第一个 C++ 程序

操作题

（1）答案：（略）

（2）答案：（略）

第 2 章　C++ 语法基础

选择题

（1）答案：AD

（2）答案：BCDE

（3）答案：CD

（4）答案：B

（5）答案：A

第 3 章　C++ 数据类型

1．选择题

（1）答案：A

（2）答案：A

（3）答案：BC

2．判断题

（1）答案：对

（2）答案：错

3．编程题

答案：（略）

第 4 章　运算符

选择题

（1）答案：BD

（2）答案：AD

（3）答案：D

（4）答案：AC

第5章　条件语句

1. 选择题

(1) 答案：A

(2) 答案：B

2. 判断题

(1) 答案：错

(2) 答案：对

(3) 答案：对

第6章　循环语句

选择题

(1)答案：B

(2) 答案：B

(3) 答案：D

(4) 答案：ADE

(5) 答案：CD

第7章　数组

1. 选择题

(1) 答案：D

(2) 答案：A

(3) 答案：AB

2. 判断题

(1) 答案：错

(2) 答案：错

3. 编程题

(1) 答案：（略）

(2) 答案：（略）

第8章　字符串

1. 选择题

(1) 答案：ABC

(2) 答案：ABD

(3) 答案：AB

2. 判断题

答案：对

3. 编程题

(1) 答案：（略）

(2) 答案：（略）

第 9 章    指针类型

1. 选择题

（1）答案：ABD

（2）答案：AB

2. 判断题

（1）答案：对

（2）答案：对

3. 编程题

答案：（略）

第 10 章    自定义数据类型

1. 选择题

答案：BCD

2. 判断题

（1）答案：错

（2）答案：对

（3）答案：对

（4）答案：对

（5）答案：对

3. 编程题

答案：（略）

第 11 章    函数

1. 选择题

（1）答案：BC

（2）答案：C

（3）答案：C

（4）答案：A

2. 判断题

（1）答案：对

（2）答案：对

3. 编程题

（1）答案：（略）

（2）答案：（略）

第 12 章    面向对象

1. 选择题

（1）答案：CD

（2）答案：BC

（3）答案：B

（4）答案：AC

（5）答案：A

（6）答案：D

2．判断题

答案：对

3．编程题

（略）

第13章　模板

1．选择题

（1）答案：ABCD

（2）答案：ACD

（3）答案：AD

2．判断题

（1）答案：对

（2）答案：对

第14章　异常处理

1．选择题

（1）答案：D

（2）答案：B

2．判断题

（1）答案：对

（2）答案：对

第15章　I/O流

1．选择题

（1）答案：B

（2）答案：A

（3）答案：B

（4）答案：D

（5）答案：B

（6）答案：B

（7）答案：A

（8）答案：A

（9）答案：D

2．判断题

答案：错

第16章　MySQL数据库编程

编程题

答案：（略）